刘力铭 / 编著

快手可灵
字节即梦
抖音剪映

AI短视频高效创作

清华大学出版社
北京

内 容 简 介

本书全面解析了利用快手可灵、字节即梦及抖音剪映等AI工具高效制作爆款短视频的精髓。从人工智能在视频领域的最新发展，到其具体应用，再到爆款短视频的选题、制作技巧以及AI生成视频的详尽方法，本书均有所涵盖。

本书通过讲解文生视频、图生视频等创新的视频生成方式，结合各平台的特色功能与操作技巧，帮助读者掌握视频制作的最新技术与使用技巧。同时，本书还深入探讨了视频中文案、音频、图片素材的AI生成技巧，为创作高质量内容提供了全方位的支持。此外，本书还提供了各类爆款短视频的实战案例，如娱乐创意类、运动轨迹控制类、广告宣传片类、治愈情感类及MV等，这些内容为创作者提供了丰富的灵感来源与实战指导。

无论是短视频制作初学者，还是已积累一定经验的短视频制作者，都能从本书中获得实用的指导和启发，从而轻松打造出引人入胜的爆款短视频。本书还可以作为相关院校的教材和辅导用书。

版权所有，侵权必究。举报：010-62782989，beiqinquan@tup.tsinghua.edu.cn。

图书在版编目(CIP)数据

快手可灵+字节即梦+抖音剪映AI短视频高效创作 / 刘力铭编著.
北京：清华大学出版社, 2025.6. -- ISBN 978-7-302-69415-1
Ⅰ.TP317.53
中国国家版本馆CIP数据核字第202593S2C1号

责任编辑：陈绿春
封面设计：潘国文
责任校对：胡伟民
责任印制：宋　林

出版发行：清华大学出版社
网　　址：https://www.tup.com.cn, https://www.wqxuetang.com
地　　址：北京清华大学学研大厦A座　　邮　编：100084
社 总 机：010-83470000　　邮　购：010-62786544
投稿与读者服务：010-62776969, c-service@tup.tsinghua.edu.cn
质 量 反 馈：010-62772015, zhiliang@tup.tsinghua.edu.cn
印 装 者：涿州市毂润文化传播有限公司
经　　销：全国新华书店
开　　本：188mm×260mm　　印　张：15.75　　字　数：537千字
版　　次：2025年7月第1版　　印　次：2025年7月第1次印刷
定　　价：99.00元

产品编号：109626-01

前言

随着人工智能技术的飞速发展，其在视频领域的应用也愈发广泛和深入。从内容生成到编辑处理，从特效添加到场景渲染，人工智能正在逐步改变短视频创作的传统模式，为创作者带来了前所未有的便利与灵感。

本书旨在为广大短视频创作者提供一套全面、系统且实用的创作指南。书中汇集了快手可灵、字节即梦以及抖音剪映等主流短视频制作平台的操作精华，并结合人工智能技术的最新技术，深入剖析了爆款短视频的制作思路、技巧与方法。本书如同明灯一般，为创作者照亮前行之路，引领他们走向短视频制作的巅峰。

第 1 章深入探讨了人工智能的发展历程及在视频领域的具体应用，如广告制作、影视制作、教育节目、电商视频等多个领域，为读者构建了一个清晰的人工智能视频创作生态图景。

第 2 章以爆款短视频为核心，详尽阐述了其选题方向、具体类型以及制作技巧。同时，我们还深入解析了 AI 生成视频的具体方法，包括文生视频和图生视频两种模式。通过深入探讨视频生成效果的随机性、文本提示词的撰写方法等，帮助读者掌握 AI 生成视频的精髓，从而创作出更具吸引力和传播力的作品。

第 3 章对国内外主流的 AI 视频平台进行了全面梳理，如快手可灵、字节即梦、海螺 AI、Stable Diffusion 等，详细介绍了各平台的功能特点、使用方法和优劣势。通过对比分析，助力读者根据自身需求，甄选出最适合自己的创作工具。

第 4 章和第 5 章通过详尽的步骤指导和丰富的实战案例，重点阐释了快手可灵、字节即梦等主流平台的基本使用方法。

第 6 章至第 8 章从文案素材、音频素材和图片素材三个维度切入，详尽介绍了各种 AI 生成素材的方法和技巧。无论是视频生成提示词的撰写、短视频标题的生成，还是文字转语音、视频原声克隆、多语种音频翻译等音频素材的生成与处理；无论是提升生图的准确性、可控性、速度和易用性，还是探索与实践各类摄影风格，都进行了全面且细致的讲解与演示。这些实用技巧和方法的应用将显著提升短视频创作的效率和品质。

第 9 章精心遴选了娱乐创意类、运动轨迹控制类、广告及宣传片类、治愈情感类以及 MV 类等不同类型的爆款短视频案例进行深入剖析。通过详尽分析这些案例的内容特点、制作流程、技术难点以及实战效果，为读者提供了可以借鉴的宝贵经验和启示。同时，我们也鼓励读者在学习和实践的基础上勇于创新、敢于尝试，不断探索属于自己的短视频创作之路。

特别提示：在本书的编写过程中，我们参考并使用了当时最新的人工智能视频生成工具界面截图及功能作为编写依据。然而，由于书稿编辑、审阅到最终出版存在一定的周期，人工智能工具可能会进行版本更新或功能迭代。因此，实际用户界面及部分功能可能与书中所示存在差异。这里提醒广大读者在阅读和学习过程中，应依据书中的基本思路和原理，结合最新的人工智能视频生成工具的实际界面和功能进行灵活应用，做到举一反三。

为帮助各位读者更快地掌握书中知识点，同时也为了拓展本书的内容，购买本书后可添加本书微信客服为好友（客服微信以及获取资源的方式请扫描下面的相关资源二维码获取），获赠以下资源。

1. 可灵、即梦、海螺、万相、星火等 AI 短视频制作平台入门到精通在线视频课（290 分钟）
2. 最新 AI 版剪映从入门到精通在线视频课（490 分钟）
3. AIGC 提示词电子文档（28 类，20000 个）
4. 短视频文案（3300 个）及参考标题（888 个）
5. 好机友 AIGC 精华知识文摘
6. 好机友 AI 绘画学习知识库

相关资源

编　者

2025 年 6 月

目录

第1章 人工智能的发展及在视频领域的应用

1.1 人工智能的发展历程 002
    1.1.1 人工智能的总体发展 002
    1.1.2 人工智能在视频领域的发展 003
1.2 人工智能在视频领域的具体应用及影响 005
    1.2.1 AI视频在广告制作领域的应用 005
    1.2.2 AI视频在影视制作领域的应用 005
    1.2.3 AI视频在教育领域的应用 006
    1.2.4 AI视频在电商领域的应用 008

第2章 人工智能生成爆款短视频的思路方法

2.1 爆款短视频 010
    2.1.1 爆款短视频的核心要素 010
    2.1.2 爆款短视频的选题方向 010
    2.1.3 爆款短视频的具体选题类型 011
    2.1.4 爆款短视频的制作技巧 012
2.2 AI生成视频的具体方法 012
    2.2.1 文生视频 013
    2.2.2 图生视频 015
2.3 理解视频生成效果的随机性 018
    2.3.1 文生视频的随机性 018
    2.3.2 图生视频的随机性 019
2.4 文本提示词的撰写方法 020
    2.4.1 公式 020
    2.4.2 文本提示词撰写技巧 021

第3章 认识常见的AI视频平台

3.1 九大主流AI视频生成国内平台 024
    3.1.1 可灵 024
    3.1.2 即梦 025
    3.1.3 海螺AI 026
    3.1.4 通义万相 028
    3.1.5 白日梦 029
    3.1.6 清影 030
    3.1.7 星火绘镜 031

3.1.8	Vidu	032
3.1.9	PixVerse V2	033

3.2 七大国外平台 034
3.2.1	Pika	034
3.2.2	Stable Diffusion	035
3.2.3	Stable Video Diffusion	036
3.2.4	ComfyUI	037
3.2.5	Dream Machine	038
3.2.6	Sora	039
3.2.7	Runway	040

3.3 四大个性化小体量AI视频生成平台 041
3.3.1	通义千问：全民舞王	041
3.3.2	魔法画师	042
3.3.3	美图设计室	043
3.3.4	GoEnhanceAI	044

3.4 其他平台 045
3.4.1	Liblib AI	045
3.4.2	神采PromeAI	045
3.4.3	WinkStudio	046
3.4.4	快影	047

第4章　掌握可灵视频平台基本使用方法

4.1 可灵视频制作基本流程与方法 049
4.2 通过文生视频的方式生成视频 049
4.2.1	可灵文生视频的优势	049
4.2.2	可灵文生视频的劣势	050
4.2.3	文本复杂度对视频生成效果的影响	050
4.2.4	理解创意描述及负面提示词	052
4.2.5	创意想象力与创意相关性的区别	053
4.2.6	文生视频技巧	055
4.2.7	文生视频具体操作方法	056

4.3 通过图生视频的方式生成视频 057
4.3.1	可灵图生视频的优势	057
4.3.2	可灵图生视频的劣势	058
4.3.3	可灵图生视频操作技巧	058
4.3.4	可灵图生视频的具体操作方法	059
3.3.5	如何延续现有的成品视频	060

4.4 通过模型控制视频生成效果 060
4.4.1	生成模式下的模型控制	060
4.4.2	可灵大模型下的模型控制	062
4.4.3	生成长视频及无限长视频	063
4.4.4	生成无限时长视频的方法	066

4.5 运用运动笔刷功能 067
4.6 运用首尾帧功能 072
4.6.1	生成主体背景平滑切换的视频	072
4.6.2	生成背景不动主体丝滑过渡的视频	074
4.6.3	生成主体不动背景平滑变换的视频	075
4.6.4	生成面部及动作变化视频	076

4.7 了解10种运镜方式 078
4.7.1	什么是运镜	078
4.7.2	常见运镜的类型	078
4.7.3	可灵运镜的特点	079
4.7.4	制作出6种不同运镜效果的AI视频	080
4.7.5	制作4种大师运镜效果的AI视频	086

4.8 在文生视频时控制视角及景别 090
4.8.1	水平视角	090
4.8.2	垂直视角	092
4.8.3	景别	095

4.9 在文生视频时控制光线效果 098
4.9.1	光位	098
4.9.2	光线类型	099

4.10 在文生视频时控制天气效果 102
4.10.1	雨天	102

4.10.2 雪天 103	4.10.6 雾天 105
4.10.3 晴天 103	8.11 在生成视频时控制人物表情及动作 105
4.10.4 阴天 104	4.11.1 文生视频控制人物表情及动作 105
4.10.5 多风 104	4.11.2 图生视频控制人物表情及动作 107

第5章　掌握即梦平台基本使用方法

5.1 即梦简述 109	5.3.2 在生成视频时控制运镜效果 116
5.1.1 什么是即梦 109	5.4 利用首尾帧精准控制视频生成效果 125
5.1.2 即梦的基础功能 109	5.5 使用即梦创建成语故事短视频 127
5.2 即梦制作视频基本流程与方法 110	5.5.1 借助AI生成分镜头脚本 127
5.2.1 通过文生视频的方式生成视频 110	5.5.2 通过AI作图生成分镜图片 127
5.2.2 通过图生视频的方式生成视频 111	5.5.3 用故事创作生成分镜头视频 131
5.3 即梦平台特色功能 113	5.5.4 在剪映中润色视频 134
5.3.1 动效画板的特点及具体使用方法 113	

第6章　掌握视频文案素材生成方法

6.1 使用AI创作生成视频用的提示词 140	6.4 使用AI生成短视频文案 149
6.1.1 用智谱清言AI创作视频生成提示词 ... 140	6.4.1 用秘塔写作猫AI生成视频文案 149
6.1.2 用Kimi创作视频生成提示词 141	6.4.2 用讯飞星火生成视频文案 151
6.2 使用AI生成短视频标题 143	6.5 使用AI生成爆款视频"金句" 153
6.2.1 用360智脑生成短视频标题 143	6.5.1 用通义千问生成爆款视频"金句"文案 ... 153
6.2.2 用天工生成短视频标题 144	6.5.2 用腾讯元宝生成爆款视频"金句"文案 ... 154
6.3 使用AI生成分镜头脚本 146	6.6 使用AI自动抓取并生成热点文章 155
6.3.1 用文心一言生成短视频脚本 146	6.6.1 用度加创作生成热点文章 155
6.3.2 用WPS生成短视频脚本 148	6.6.2 用腾讯智影生成热点文章 157

第7章　掌握视频中音频素材的生成方法

7.1 文字转语音 160	7.2 视频原声克隆 164
7.1.1 用讯飞智作进行文字转语音 160	7.2.1 用Rask克隆声音 164
7.1.2 用TTSMAKER进行文字转语音 162	7.2.2 用Speaking AI克隆声音 166

v

7.3	多语种音频翻译 167	7.4 使用AI创作音乐类素材 172
7.3.1	用GhostCut生成多语种视频 168	7.4.1 用海螺AI创作个性化音乐 172
7.3.2	用剪映专业版生成多语种视频 170	7.4.2 用海绵音乐创造个性化音乐 173

第8章　掌握视频中图片素材的生成方法

8.1	美学水准 177	8.3.1 用文心一格快速生成图片 193
8.2	生图可控性 181	8.3.2 用通义万相快速生成图片 195
8.2.1	用Liblib AI控制生图 181	8.4 生图易用性 197
8.2.2	用即梦控制生图 184	8.4.1 用可图大模型便捷生成图片素材 ... 197
8.2.3	用商汤秒画控制生图 189	8.4.2 用可灵垫图生成相似图片 199
8.3	生图速度 193	8.4.3 用奇域生成符合中式美学的图片素材 ... 201

第9章　爆款短视频创作思路及AI实战案例

9.1	娱乐创意类爆款短视频 205	9.4 治愈情感类视频 228
9.1.1	娱乐创意类视频的内容特点 205	9.4.1 治愈情感类视频的特点 228
9.1.2	娱乐创意类爆款视频的类型及实战 ... 206	9.4.2 治愈情感类视频的案例分析 228
9.2	运动轨迹控制类视频 211	9.4.3 治愈情感类视频类型及实战 229
9.2.1	用AI制作运动轨迹控制类视频的意义 ... 211	9.5 制作MV视频 232
9.2.2	运动轨迹控制视频类型及实战 211	9.5.1 使用海螺AI创作音乐 233
9.3	广告及宣传片类商业视频 218	9.5.2 借助智谱清言生成MV分镜头脚本 ... 234
9.3.1	用AI制作广告及宣传片类视频的意义 ... 218	9.5.2 使用即梦生成MV静态图片画面 ... 235
9.3.2	广告及宣传片视频类型及实战 219	9.5.3 使用可灵生成MV视频动态画面 ... 238
		9.5.4 使用剪映编辑MV视频 240

第 1 章
人工智能的发展及在视频领域的应用

1.1 人工智能的发展历程

人工智能（Artificial Intelligence, AI）作为计算机科学或智能科学的一个重要分支，其发展经历了多个阶段。从萌芽到如今的广泛应用，每一步都凝聚了无数学者的智慧和努力。以下为人工智能发展的几个重要阶段。

1.1.1 人工智能的总体发展

1. 孕育奠基期（20世纪30年代到1956年）

在 20 世纪 30 年代，数理逻辑的形式化与智能可计算思想的融合，标志着计算与智能关联概念的初步构建。随后，1943 年迎来了人工神经网络模型的重要时刻，美国人麦卡洛克和皮茨携手成功研制出世界上首个此类模型——MP 模型。这一创举不仅彰显了科技的力量，更开启了以结构化方式和仿生学原理模拟人类智力活动的新篇章。

仅仅 5 年后，1948 年，美国数学家维纳的控制论横空出世。这一理论为从行为模拟的角度深入研究人工智能提供了坚实的技术和理论基础，成为该领域发展的又一重要里程碑。

1950 年，英国数学家阿兰·图灵在其发表的论文《计算机能思考吗》中，创造性地提出了"图灵测试"。他通过这一测试方法，有力地论证了"机器能思维"的可能性，从而为人工智能的后续发展奠定了坚实的理论基础，如图1-1所示。

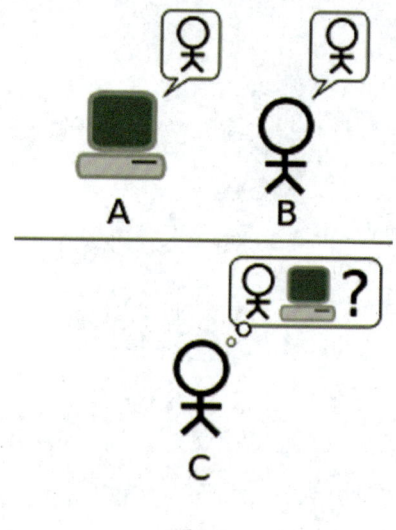

图1-1

2. 形成与发展期（1956年至20世纪70年代末）

1956 年，美国的达特茅斯学院成为一个历史的见证地。在那里，麦卡锡、马文·明斯基等杰出学者齐聚一堂，深入探讨了利用机器技术模拟人类智能的可能性。这次集结不仅是一个学术交流的盛会，更标志着人工智能学科和"人工智能"这一全新概念的正式诞生。随后的十几年间，人工智能领域迎来了飞速的发展，涌现出多项重大研究成果。例如，塞缪尔成功研发了具有自我学习能力的跳棋程序，这一创举展示了机器在特定任务中超越人类的潜力。同时，罗森布拉特等的研究也取得了显著进展，他们研制的感知器为机器视觉和模式识别领域奠定了基石。这些里程碑式的研究成果，共同推动了人工智能技术的不断进步。

3. 低谷期（20世纪70年代末至20世纪90年代初）

20 世纪 70 年代，人工智能研究遭遇了一系列技术瓶颈。计算机的性能限制、数据量的匮乏，以及人工智能程序在处理复杂现实问题时的困难，都使这一领域的研究陷入了低谷。然而，在如此困境之中，专家系统却悄然兴起，并逐步成为人工智能发展的新方向。这一转变不仅为人工智能领域注入了新的活力，更标志着人工智能开始从理论研究走向实践应用，开启了全新的发展阶段。

4. 复兴与繁荣期（20世纪90年代至今）

2006年，辛顿等人创新性地提出了"深度学习"的概念，这一理念让机器能够模仿人脑的机制去解释和理解数据，从而极大地推动了人工智能领域的发展。随后，进入21世纪，伴随着互联网的全球覆盖、大数据的迅速积累以及硬件制造水平的显著提高，人工智能迎来了前所未有的技术大爆炸时期。在这一阶段，人工智能在多个领域都取得了显著的进展，展现了其巨大的潜力和广阔的应用前景，如图1-2所示。

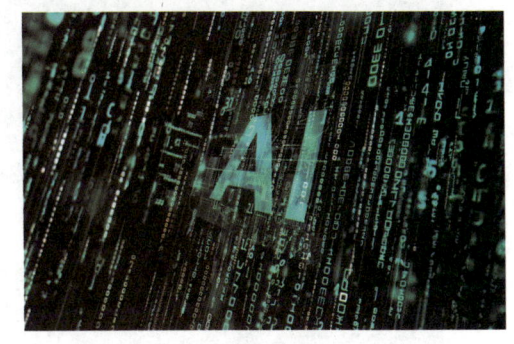

图1-2

1.1.2 人工智能在视频领域的发展

人工智能在视频领域的发展是一个迅速且持续演进的过程，其具体发展历程如下。

1. 初步探索阶段（2020年以前）

在2020年之前，人工智能在视频领域的应用尚处于初步探索阶段。这一时期，人工智能主要作为视频处理、分析和推荐的辅助工具，例如用于视频内容识别、标签生成以及用户行为预测等。但需要注意，这些应用多数仍依赖传统的机器学习算法，而视频的自动生成技术还未实现，如图1-3所示。

图1-3

- 视频内容识别：该技术利用机器学习算法识别视频中的物体、场景及人脸等元素，并为视频添加相应标签，从而方便用户进行搜索和获取推荐。
- 用户行为预测：通过分析用户的观看历史和个人喜好等信息，来预测其对视频内容的偏好，进而提供更为个性化的推荐服务。

2. 快速发展阶段（2020—2023年）

从2020年开始，随着深度学习技术的快速发展，人工智能在视频领域的应用进入了一个全新的阶段。这一时期，生成式对抗网络（GAN）、扩散模型（Diffusion Model）等新技术不断涌现，使人工智能能够生成较高质量的图像和视频。同时，文本到图像（Text-to-Image）和文本到视频（Text-to-Video）的生成技术逐渐成熟，为视频创作带来了更多的可能性。

- DALL-E：由OpenAI开发的文本到图像生成模型，能够根据用户输入的描述文本生成对应的图像。这一技术的出现，为视频创作提供了丰富的素材来源，如图1-4所示。
- AnimateDiff：一款能够将静态图像转化为动态视频的工具，通过输入一系列提示词，可以改变视频的风格和动态效果。

图1-4

3. 突破与应用阶段（2023年至今）

进入 2023 年，人工智能在视频领域的发展迎来了重大突破。特别是 OpenAI 推出的文生视频大模型 Sora，标志着从文本到视频的生成技术达到了新的高度。这一技术不仅能够根据用户输入的描述文本生成视频，还能保持视频在时间上的连贯性和一致性，为视频创作带来了革命性的变化，如图1-5 所示。

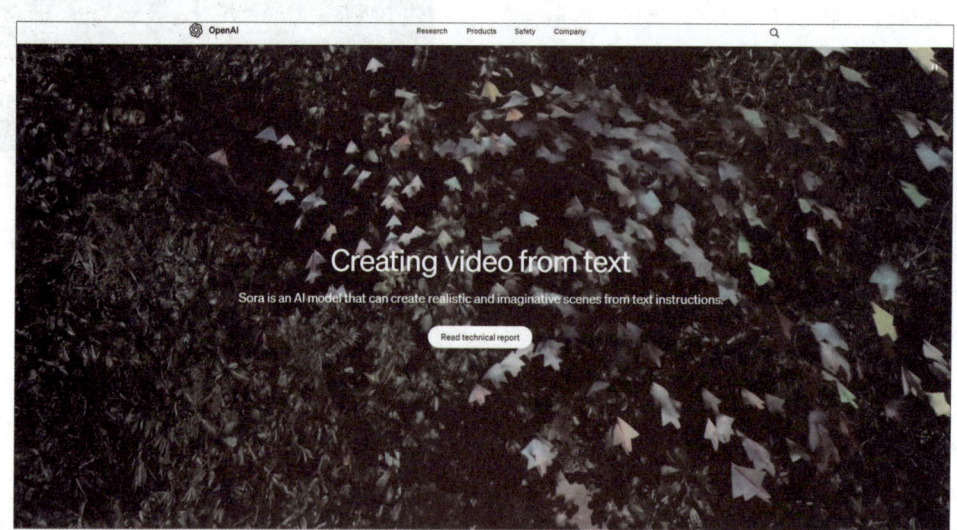

图1-5

- Sora：由OpenAI推出的文生视频大模型，能够根据使用者输入的描述文本生成高质量的视频内容。Sora的出现极大地降低了视频创作的门槛，使视频创作新手也能轻松生成具有创意的视频作品。
- 国内厂商布局：随着Sora的推出，国内众多科技公司和研究机构也纷纷加入文生视频技术的研发中。例如，"字节跳动"推出了PixelDance模型，"阿里巴巴"上线了Animate Anyone模型……进一步推动了文生视频技术的发展和应用。

1.2 人工智能在视频领域的具体应用及影响

1.2.1 AI视频在广告制作领域的应用

1. AI对广告制作的影响

AI可以基于文本描述快速生成广告视频的概念和初步视觉内容，大大缩短了创意构思和制作周期。AI视频在广告制作领域的应用使广告内容更加个性化、创意化，能够更好地满足目标受众的需求，从而提升广告的吸引力和转化率。自动化制作流程减少了人工干预，降低了广告制作的成本。

此外，AI视频技术的引入为广告行业带来了新的解决方案和思路，推动了行业的创新和发展。广告商和创意人员可以利用AI技术探索更多可能性，创作出更具创意和吸引力的广告作品。

2. Under Armour使用AI生成拳击手形象案例分析

Under Armour是一家运动品牌，近年来，该品牌开始探索使用AI技术来制定其营销策略。Under Armour利用AI技术生成了拳击手安东尼·约书亚的虚拟形象，并以此制作了一则广告视频，部分画面如图1-6所示。这个虚拟形象不仅展现了拳击手安东尼·约书亚的力量与毅力，还完美契合了Under Armour品牌所倡导的核心价值观。该视频通过强大的视觉和情感冲击力，成功提升了品牌形象并增强了与消费者的情感共鸣，展示了AI在广告创意方面的巨大潜力。

图1-6

1.2.2 AI视频在影视制作领域的应用

1. AI对影视制作的影响

AI技术在影视行业中有着广泛的应用。它可以创建逼真的虚拟角色，为影视作品带来多样的表现形式和令人震撼的视觉效果。在视觉特效方面，AI也发挥着不可或缺的作用，它能自动处理复杂的特效场景，从而提高制作效率，确保最终效果更加出色。此外，AI还能在剧本创作阶段为编剧提供创意灵感和情节构思建议，并通过数据分析帮助预测影片的票房潜力。不仅如此，AI技术在剪辑与后期制作中也大显身手，它能自动剪辑视频素材，优化剪辑效果，从而有效降低人力成本，节省时间。

2.《致亲爱的自己》短片案例分析

该短片由中国传媒大学动画与数字艺术学院及Ainimate Lab在华为云的支持下共同创作。在短片中，AI技术借助ID一致性模型，确保了关键角色和道具的一致性。即便是在大幅度的舞蹈动作和复杂的镜头运动下，角色的面部轮廓、发型、五官等特征也始终能够稳定生成。这一技术性的突破，使短片在视觉效果上达到了高度的一致性和连贯性，如图1-7所示。

图1-7

该案例不仅彰显了AI在动画短片制作中的技术实力和创新精神，而且为影视制作领域注入了新的创作模式和可能性。AI技术的应用，使影片制作变得更为高效与便捷，也为观众带来了更为丰富的视觉体验。

1.2.3 AI视频在教育领域的应用

1. AI对教育的影响

AI技术能够根据学生的个人需求和兴趣定制个性化的学习体验，同时鼓励教师采用更加创新和互动的教学方法，以实现因材施教。借助游戏化学习、虚拟现实（VR）和增强现实（AR）等技术手段，AI可以有效提升学生的学习兴趣和参与度。此外，AI的发展也推动了教育模式由传统的知识传授向更多元化的方向转变，例如项目式学习、探究式学习等新型教学模式的兴起。

2. 案例分析

2024年3月3日，北京邮电大学发布了码上V2.0智能编程教学云平台，该平台由北京邮电大学EZCoding团队负责打造和运营。它依托讯飞星火大模型，能为学生提供即时、个性化的编程辅导服务，从而满足学生的精准辅导需求。当遇到复杂问题时，学生可以通过平台的"求助老师"功能，迅速获得教师的专业指导。同时，码上V2.0还为教师提供了教学管理工具，支持对班级、课程及学生的全面管理，并能记录学生的学习数据。这些功能有助于教师优化教学策略，进而实现个性化、高质量的教育目标，如图1-8所示。

图1-8

北京大学口腔虚拟仿真智慧实验室，以虚拟仿真技术和大数据为支撑，融合了智能物联、智能管理以及智能学习与评估等先进功能，成功构建了一个多维度的智能一体化训练平台。该实验室被划分为讲授区、线上训练区以及虚拟仿真训练区等多个功能区域，不仅支持线上虚拟仿真实验教学及其自动化评估，还提供多类型、带反馈的虚拟仿真训练与评估服务。该实验室借助高度仿真的教学环境，提高了口腔医学教育的质量和效率，同时为学生提供了更加直观与互动的学习体验，如图1-9所示。

图1-9

1.2.4　AI视频在电商领域的应用

1. AI对电商的影响

在直播电商、短视频带货与 AI 发展相融合的时代，电商渠道得以有效协调"种草"、直播及短视频平台，实现全域流量的无缝打通。ChatGPT、Sora 等大模型作为内容生成与自动化整合营销的智能助手，显著提升了创意设计和内容生产的效率。据央视市场研究数据，已有 36% 的广告主在营销活动中采纳了 AIGC 技术，其中高达 86% 的广告主认为该技术对于提高创意设计、内容生产效率等起到了有力的辅助作用。

AI 技术还能深入分析用户行为、购物历史及浏览轨迹等数据，进而实现精准的商品个性化推荐。此外，在物流领域，物流智能化 AI 技术的应用也日渐广泛。智慧采购系统结合了图像识别技术、大数据分析与深度学习技术，通过对历史采购信息的深入分析，形成科学的采购决策，确保适量采购、适时采购，从而有效降低库存对资金成本的占用，减少机会损失。

2. 案例分析

百度推出了电商品牌百度优选，它以 AI 技术为驱动，能为消费者带来全新的 AI 购物体验，如图1-10 所示。百度优选通过理解用户需求和分析海量商品信息，实现高效决策和精准的人货匹配，帮助用户对比不同平台的价格，以找到最优惠的商品。此外，百度优选还采用数字人直播技术，利用 AI 实现虚拟主播进行 24 小时无人直播带货。

图1-10

第 2 章
人工智能生成爆款短视频的思路方法

2.1 爆款短视频

爆款短视频通常指的是在短时间内获得了极高的播放量、点赞数、评论数和分享数，从而能够引发广泛关注和传播的短视频。接下来，将详细讲解爆款短视频的核心要素，以及选题和制作方面的技巧。

2.1.1 爆款短视频的核心要素

在探讨如何利用 AI 生成爆款短视频之前，首先需要明确什么样的短视频才能被称为"爆款"。爆款短视频通常具备以下几个核心要素。

- 内容有吸引力：内容必须新颖、有趣，能够贴近观众的生活或满足他们的好奇心，从而迅速抓住观众的注意力。
- 情感共鸣：视频需要能够触发观众的情感共鸣，无论是欢笑、感动、惊讶还是其他情感，都能增强观众的记忆并激发他们的分享欲望。
- 高质量制作：画面必须清晰，剪辑要流畅，音效要适配。即使是由AI生成的视频，也应该保持专业的制作水准。
- 热点话题结合：视频应紧跟时事热点、流行文化或节日庆典等，利用这些热门话题来提高视频的曝光度。
- 互动性强：应鼓励观众进行评论、点赞和分享，甚至可以让他们参与到视频内容的创作或挑战中，从而实现病毒式传播。

2.1.2 爆款短视频的选题方向

打造爆款短视频的秘诀，首要在于明确选题方向。掌握以下策略，你将能更迅速地制作出引人入胜、广受欢迎的爆款短视频。

- 观众导向：选题内容始终坚持以观众需求为前提，紧密贴近观众的喜好和痛点，从而能够引起观众的深刻共鸣。例如，生活类短视频常常聚焦人们日常生活中的实际问题，如家居整理、美食烹饪等，因为这些内容与观众的生活紧密相连，所以很容易赢得观众的关注和认可。
- 有价值输出：短视频能够为观众提供有价值的信息，有效解决观众的问题或充分满足其需求。例如，知识科普类短视频通过深入浅出的方式讲解专业知识，使观众能够在短时间内快速获得有用的知识和技能。
- 跨领域融合：将不同领域的元素巧妙地融合在一起，创造出别具一格的全新选题。例如，将美食与科技两大领域相结合，展示最新的高科技烹饪设备或创新的烹饪方法，为观众带来前所未有的视觉与味觉享受。
- 视角转换：从独特的视角出发，重新解读那些常见的话题，为观众带来焕然一新的感受。例如，尝试从动物的视角去探究人类的生活，让观众看到一个不一样的世界，从而获得全新的认知与体验。
- 故事化表达：将选题以引人入胜的故事形式呈现出来，大大增加内容的趣味性和吸引力。通过精心设置悬念、制造冲突等手法，让观众完全沉浸在故事情节之中，欲罢不能。

2.1.3 爆款短视频的具体选题类型

本小节只针对爆款短视频的选题类型大体方向进行讲解，具体选题内容详细介绍及操作可参考后文的实战部分。

1. 热点类选题

热点类选题往往与时间紧密相连，它们或是对新近发生的事件的即时反应，或是对即将来临的节日、活动的预热。这种时效性要求创作者保持高度的敏感性和快速响应能力，以便在第一时间抓住热点，创作出具有时效价值的内容，这样能够迅速吸引大量的关注和流量。

适用场景：结合当前社会热点、节日活动、新闻事件等进行创作。

2. 娱乐类选题

娱乐类内容往往以轻松幽默的方式呈现，让观众在笑声中忘却烦恼、释放压力。无论是歌舞表演中的动感节奏，还是趣闻轶事，都能迅速拉近与观众的距离，营造出一种愉悦的氛围。由于娱乐类内容具有较强的观赏性和趣味性，因此其受众范围十分广泛，从青少年到中老年人，都能在这类内容中找到自己感兴趣的部分。

适用场景：歌舞、明星周边、八卦等内容，以及搞笑段子、恶搞等视频形式。

3. 行业垂直类选题

针对某一行业的选题，往往要求深入剖析该领域的专业知识、技术趋势、市场动态等。这种深度挖掘不仅满足了受众对于专业信息的需求，也体现了内容的专业性和权威性。

适用场景：例如，在快速发展的科技行业中，可以聚焦最新的科技成果、技术创新、产品发布等；针对教育行业，则可以关注教育改革、教学方法创新等话题。

4. 正能量类选题

正能量类选题的重点在于其积极向上的内容导向。无论是讲述个人奋斗历程的励志故事，还是展现集体力量的公益行动，这些选题都旨在向观众展示生活中的美好与希望，鼓励人们以乐观的心态面对挑战，勇于追求梦想。

适用场景：各行各业均可尝试，如励志故事、公益行动、感人瞬间等。

5. 技能类选题

技能展示类选题旨在深入展现某一特定技能或才艺的独特魅力。这类内容不仅要求创作者具备扎实的基础与高超的技巧，还需要通过创新的表现手法吸引观众。

适用场景：既可作为技能教学的生动教材，也可快速展示技能亮点，吸引关注。

6. 剧情类选题

剧情类选题的核心在于其故事性，通过引人入胜的故事情节来吸引观众。这些故事具有明确的起承转合，能够引发观众的情感共鸣和思考。角色是推动故事发展的关键，通常具有鲜明的个性，能够让观众产生深刻的印象。为了保持兴趣，剧情类视频往往会设置反转和冲突元素，使故事更加跌宕起伏。

适用场景：剧情类视频是观众娱乐的重要选择，也是企业品牌营销的有效手段。

7. 新奇类选题

新奇类选题的核心在于其"独一无二"的特性，可以是基于前沿科技的最新发现，或是深入探索鲜有人知的领域，抑或是以一种前所未有的视角重新审视熟悉的事物。这种独特性能够激发观众对未知世界的好奇心。

适用场景：技术流、黑科技、科幻与未来主义、未知领域探索等。

8. 商业类选题

商业类短视频选题紧密围绕品牌、产品或服务展开，旨在快速传达品牌理念、产品优势或服务特色，具有极强的针对性。为了脱颖而出，这类选题往往追求创意的独特性，通过新颖的视角、有趣的故事或独特的视觉效果吸引观众。

适用场景：企业宣传、产品推广等，通过创意视频吸引潜在客户。

9. 人设类选题

人设类视频选题的核心在于其独特的个性化设定，包括外貌、性格、兴趣爱好等多个方面，构成鲜明的个性特征，使观众能够迅速识别并记住。通过视频内容，创作者能够融入自己的价值观、生活态度，或者塑造特定人物形象，建立个人品牌或 IP。

适用场景：网红、KOL 等个人创作者展示个人魅力和价值观。

10. 动物类选题

动物种类繁多，为创作者提供了丰富的选择，能够覆盖广泛的受众群体。动物的行为充满趣味性和不可预测性，如猫咪的慵懒、狗狗的忠诚等，都能吸引观众的注意力，增加观看乐趣。

适用场景：适合喜欢宠物或动物的观众，可以制作动物日常等相关内容。

2.1.4 爆款短视频的制作技巧

爆款短视频的制作涉及多个关键要素，包括背景、场景、语境和路径等，以下是这些要素的具体解释及在短视频制作中的重要性。

- **背景**：制作视频时应考虑所处的时代背景、文化氛围、时间节点和舆论环境等因素。抓住普遍关注的话题或共性痛点（例如年底焦虑、年初计划等），可以最大化利用背景带来的注意力效应。
- **场景**：场景关联能够缩短观众的认知链路，增加感知唤醒概率和记忆锚定机会。例如，市场上流行的一些广告，通过简洁明快的内容和反复强调，尽管有时令人反感，却高效地吸引了观众的注意力。
- **语境**：恰当的语境能引发观众的心理共鸣和情感共振。创意表达应符合特定背景下的场景，这样才能触动人心，使创意更具说服力。
- **路径**：借鉴优秀的视频广告策略很重要，但盲目模仿往往适得其反。创作者应该根据自身的资源和特点，找到合适的创作路径。

2.2 AI生成视频的具体方法

AI 生成视频的方式主要有两种，第一种是文生视频，第二种是图生视频，下面分别对这两种方式进行简单讲解。

2.2.1 文生视频

文生视频（Text-to-Video）是一种新兴的人工智能技术，它可以根据文本描述生成一系列时间和空间上连贯的图像，最终形成视频。这项技术融合了计算机视觉和自然语言处理，旨在根据提供的文本信息，创造出相应的动态视觉内容。文生视频主要包括两种类型：一是根据文本生成特定视频画面；二是文字成片。接下来，将针对文生视频的两种方式进行详细讲解。

1. 文本生成特定视频画面

此种方式下，只能生成一段时长为 3~12s 的视频画面，并且一次只能生成一段视频画面。能生成特定画面的 AI 软件包括可灵、即梦、海螺 AI、通义万相等。用户只需输入相关文本提示词，即可得到想要的视频画面。接下来，以海螺 AI 和通义万相为例，讲解如何通过文本生成特定视频画面。

假设要生成一对情侣在海边散步的情景，那么在海螺 AI 的提示词文本框中，应输入"一对情侣在繁星点点的海边，牵手散步"的提示词，如图2-1 所示。AI 根据文本提示词生成的时长为 6s 的视频画面如图2-2 所示。

图2-1

图2-2

若要生成两名宇航员在月球表面漫步的场景，在通义万相文生视频的提示词文本框中输入："两名身着厚重宇航服的宇航员在月球表面缓缓漫步，他们的每一次踏步在低重力环境下都显得格外轻盈。背景是浩瀚无垠的宇宙，点缀着闪烁的星辰，地球那蔚蓝而孤独的身影悬挂在天际。"如图2-3所示。

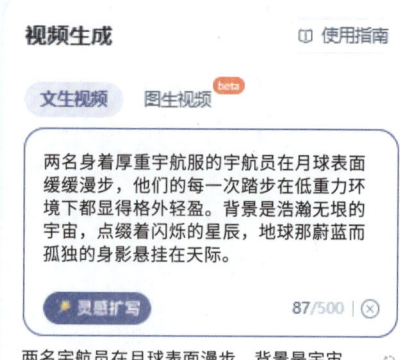

图2-3

AI根据文本提示词生成的时长为6s的视频画面如图2-4所示。

图2-4

从画面中可以看出，输入的文本描述和生成的视频内容是相契合的。如果想要生成其他画面内容，只能通过再次输入提示词来得到新的视频画面。如果想要创作故事短片，只需将生成的全部视频导入视频编辑软件中，完成整合即可。

2. 文字成片

文字成片是指输入视频脚本文本内容后，AI自动匹配画面，生成一段完整视频。需要注意的是，利用这种方式生成的视频片段是从素材库中进行画面匹配的，因此需要谨慎使用，以免造成素材侵权问题。

目前，度加、剪映图文成片、一帧秒创、即创等都能实现一键文字成片。接下来，以度加为例，讲解如何通过文本一键成片。

若要生成一段主题为"介绍山东美食"的视频，在文本框中输入文案，如图2-5所示。

第 2 章　人工智能生成爆款短视频的思路方法

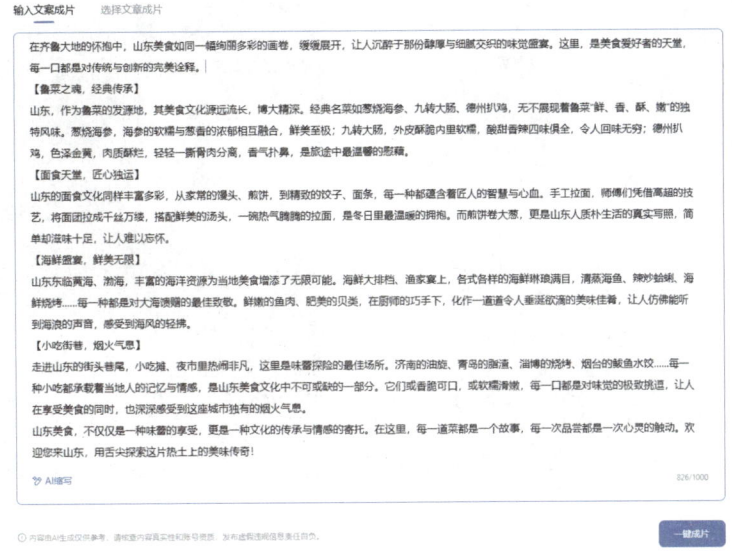

图2-5

AI 根据文案内容，生成了一段时长为 2 分 25 秒的视频，如图2-6 所示。从视频画面可以看出，其内容都是通过搜索素材库与文本进行匹配的，容易出现视频对应的画面不是理想画面的问题。

图2-6

2.2.2　图生视频

图生视频（Image-to-Video）是一种利用人工智能技术，特别是深度学习模型，将静态图片转化为动态视频的技术。这项技术通过分析和理解图片中的内容，并结合输入的提示词或文本描述，自动添加动画效果、运动轨迹等，从而生成一段连续动态变化的视频。

目前，可灵、即梦、清影、通义万相等皆可进行图生视频创作。此处以可灵、通义万相为例，讲解如何通过图片生成视频。上传到可灵的参考图片如图2-7 所示，输入的文本提示词如图2-8 所示。

015

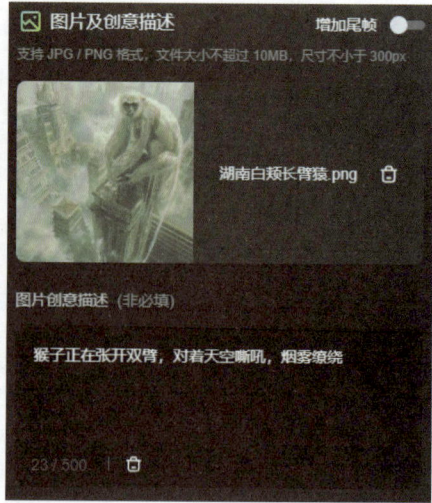

图2-7　　　　　　　　　　　　　图2-8

AI 根据参考图和提示词生成的时长为 5s 的视频画面如图2-9 所示。

图2-9

上传到通义万相的参考图如图2-10所示，输入的文本提示词如图2-11所示。

图2-10　　　　　　　　　　　　　　图2-11

AI 根据参考图和提示词生成的时长为 6s 的视频画面如图2-12所示。

图2-12

2.3 理解视频生成效果的随机性

2.3.1 文生视频的随机性

AI 视频生成的效果展现了一定的随机性，这主要归因于生成过程中涉及的众多变量与技术上的限制。鉴于从文本到图像（文生图）的 DIT 技术特性，其产出结果常常伴随着更为显著的随机性，因此，文生视频也相应地呈现出较大的随机性。这种随机性多源于生成模型内部采纳的一个初始随机数，此随机数助力算法探索各异的生成路径，进而孕育出丰富多彩的图像与视频内容。

鉴于随机性的存在，倘若单次生成的效果不尽如人意，或许需要历经多次反复尝试。但要注意，制作一个视频至少需要消耗 10 灵感值。倘若多次尝试后效果仍显逊色，可能是受制于平台当前的功能局限，此刻便需要对提示词内容作出相应调整。

例如，以下展示了文生视频生成的两组视频画面，其创意描述词为："蓝天白云，春日，小镇街道两旁绽放樱花的樱花树。"从这些画面中不难观察到，即便生成时所有参数设定如出一辙，两组视频画面所呈现的场景与构图却各有千秋，这无疑印证了每次视频生成过程中的确伴随着一定的随机性。生成的视频 1 部分画面如图2-13 所示；生成的视频 2 部分画面如图2-14 所示。

图2-13

图2-14

2.3.2 图生视频的随机性

图生视频（即从静态图像生成动态视频）的过程，虽然起始于一个固定的图像框架，确保了基础内容的稳定性，但在后续的生成过程中却蕴含着丰富多变与微妙的随机性。在生成过程中，系统会根据预设的规则和通过模型学习到的知识，对图像进行智能的分析与重构。这些规则可能涵盖时间流逝的模拟、场景深度的推断、物体运动的预测等，而随机性则潜藏在处理这些细节的微妙差异之中。例如，树叶在风中摇曳的姿态、水面波纹的细腻变化、云朵移动的速度与方向，都可能因微小的随机因素而展现出别样的景致。

举例来说，使用图生视频技术上传的图片如图2-15所示，配以创意描述词："女孩缓慢地眨动眼睛，花瓣随风飘落。"由此生成两组视频，从画面中我们可以观察到，相较于文生视频，图生视频在每次生成时展现出更强的可控性。这是因为上传图片的主体与背景是确定的。然而，图生视频的随机性也是不可避免的。在两段视频中，女孩的动作表现各不相同，这种非唯一性正是随机性的体现。生成的视频 1 部分画面如图2-16所示；生成的视频 2 部分画面如图2-17所示。

图2-15

图2-16

图2-17

2.4 文本提示词的撰写方法

无论是文生视频还是图生视频的制作过程，都需要创作者精确撰写提示词，因此，熟练掌握提示词的撰写技巧显得尤为重要。

2.4.1 公式

文本提示词的推荐公式如下。

提示词＝主体（主体描述）＋运动＋场景（场景描述）＋镜头语言＋光影＋氛围

1. 主体（核心展现者）

主体指明确视频中的核心对象，如奔跑的少年、悠闲的猫咪、绽放的花朵或飞驰的汽车，并细致描绘其特征。例如，短发随风飘扬、面带微笑的穿运动装少年；毛色柔顺、眼神慵懒、蜷缩窗边的猫咪；色彩鲜艳、花瓣微张、露珠点缀的花朵；流线型设计、车身反射阳光、疾驰而过的汽车。

2. 运动（动态表现）

运动指描述主体的动态，简洁而富有力量。例如，少年在操场上奋力冲刺；猫咪尾巴轻轻晃动；花朵在微风中柔美摇曳；汽车疾驰穿越，从一侧瞬间驶向另一侧，消失在视线之外。

3. 场景（环境设定）

场景指设定主体所处的场景，如校园操场、静谧庭院、绚烂花田或繁忙都市街道，并简短勾勒其特色。例如，操场上的绿色草坪与教学楼相映；庭院绿树成荫、光影斑驳；花田花朵争奇斗艳；都市街道车水马龙，霓虹闪烁。

4. 镜头语言（视觉叙事）

镜头语言指运用各种镜头技巧来强化故事感。例如，通过跟随拍摄精准捕捉少年奔跑的动态轨迹；利用低角度镜头凸显猫咪的威严与优雅；借助微距镜头细腻展现花朵的瑰丽细节；通过快速切换镜头来传达汽车在都市中穿梭的疾速与激情。

5. 光影（情感渲染）

光影指巧妙运用光影效果，为视频注入丰富的情感色彩。例如，借助晨光的柔和与夕阳的温暖，营造出温馨而宁静的氛围；通过侧光的精妙运用，突出主体的轮廓，塑造立体感；利用光影的鲜明对比，为画面增添层次感和视觉冲击力。

6. 氛围（整体感受）

氛围指精心设定视频的整体氛围，无论是充满青春活力的激情，还是宁静致远的淡泊，抑或是生机勃勃的盎然、都市喧嚣的繁华。通过巧妙的色彩搭配和其他视觉元素的综合运用，营造出与主题相得益彰的情感氛围，使观众在短暂的几秒内便能深刻感受到强烈的视觉冲击与情感共鸣。

2.4.2 文本提示词撰写技巧

文本提示词撰写技巧如下。

1. 明确主题

务必清晰地确定视频的核心主题或中心思想，这将作为整个文本的坚实基础。以"太空探险"为例，所有描述都应紧密围绕这一主题展开，以确保文本内容的一致性和连贯性，从而引领观众深入探索神秘的太空世界。

2. 详细描述

为了营造出身临其境的感受，提供丰富且具体的场景描述至关重要。在描述环境时，可以写道："浩瀚无垠的宇宙中，繁星如钻石般闪烁，巨大的行星散发着深邃而神秘的光芒，仿佛邀请着勇敢者去探寻未知的奥秘。"同时，对人物的刻画也要细致入微，例如："宇航员身着科技感十足的太空服，头盔上反射的星光熠熠生辉，映衬出他们脸上那份坚定与好奇交织的复杂表情。"

此外，对动作和情感的细腻描写也能够进一步增强视频的感染力。例如："宇航员们小心翼翼地操纵着飞船，每一个细微的动作都透露出他们对任务的专注与敬业。心中涌动的兴奋与紧张情绪交织在一起，形成了一种难以言喻的期待感，激励着他们勇往直前，探索宇宙的边际。"

3. 指定风格和色调

在创作文生视频时，明确希望视频呈现的风格至关重要。是选择现实主义风格，通过精细入微的场景再现，让观众仿佛身临其境地感受那浩瀚真实的太空奇景；还是倾向于卡通风格，以轻松有趣的方式展现太空探险，为观众带来别样的趣味体验。此外，色调的选择也不容忽视，深邃神秘的蓝色调能够营造出太空的未知与浩瀚，而充满希望的暖色调则能为探险之旅注入温暖与乐观的情感基调，从而为整个视频定下独特的氛围与情感色彩。

4. 使用关键词

在创作文生视频时，应巧妙运用关键词来凸显视频中的核心元素。例如，通过提及"神秘莫测的黑洞""惊险刺激的陨石撞击"或"宏伟壮观的星系漩涡"等关键词，不仅能够帮助模型更精确地把握创作者的构思意图，还能确保最终生成的视频内容紧密贴合预期，为观众带来一场视觉与心灵的双重盛宴。

5. 考虑镜头运动

在创作文生视频时，描述期望的镜头移动方式至关重要。可以选择平稳的平移镜头，以展现宇宙的广袤无垠和星空的深邃辽阔。或者采用快速的缩放镜头，将观众的注意力聚焦在某个重要的物体或震撼的事件上。另外，还可以选择跟随宇航员的视角，让观众身临其境地感受太空探险的紧张刺激，从而增强观众的代入感和沉浸体验。

第 3 章

认识常见的 AI 视频平台

3.1 九大主流AI视频生成国内平台

3.1.1 可灵

可灵是快手公司精心打造的一款人工智能视频生成平台，其界面设计简洁直观，如图3-1所示。用户每日登录可灵平台，即可获取66灵感值，这些灵感值可用于生成独具特色的图片和视频。当灵感值耗尽时，用户可以选择直接购买，1元购买10灵感值，且最低购买量为100个灵感值。此外，用户还可以选择开通黄金会员，每月支付66元，即可享受660灵感值，并附赠一系列会员专属特权。

图3-1

1. 可灵技术原理

※ 核心技术架构

- Diffusion Transformer架构：可灵采用了与Sora相似的Diffusion Transformer架构，此架构在视频生成任务中表现卓越，能够高效捕捉并融合视频中的时空信息。
- 3D时空联合注意力机制：为了更进一步提升生成视频的质量和逼真度，可灵引入了3D时空联合注意力机制。该机制能够全面考量视频中的时间维度和空间维度信息，实现对视频数据的深度分析与处理，进而生成更为连贯、自然的视频内容。

※ 多模态融合能力

- 多元输入形式：可灵支持文本、图像、音频等多种输入格式，并能够实现多模态的高效融合。这意味着创作者可以灵活运用文字描述、图像展示等多种手段，向可灵准确传达创作意图，从而生成满足需求的视频作品。
- 智能分析与生成：通过对输入内容的精准分析，可灵能够深刻理解创作者的创作诉求，并据此制作出高品质的视频内容。在此过程中，可灵会全面考虑视频的帧率、分辨率、时长等关键因素，确保所生成的视频能够完美契合创作者的预期。

※ 生成技术特点
- 高清流畅：可灵能够生成时长为2分钟、帧率为30FPS、分辨率为1080p的优质视频。这一技术指标在当前的视频生成领域中处于领先位置，充分保证了生成视频的清晰度和流畅性。
- 逼真还原：借助精准的时空建模与物理模拟技术，可灵所生成的视频内容具有极高的真实感。无论是复杂多变的大幅度时空运动场景，还是日常生活中的细腻动作与微妙表情变化，可灵均能够实现精准还原，为使用者带来沉浸式的视觉享受。

2. 可灵平台的主要功能

※ 基础功能
- 文生图和图生图功能：用户可通过可灵平台内置的大模型轻松生成相关图片素材，实现文字到图片、图片到图片的快速转化。
- 文生视频功能：可灵平台支持将文本或图片内容转化为视频，同时提供AI续写视频后续内容的功能，极大丰富了视频创作的手段。
- 图生视频功能：可灵平台特别强化了由图片生成视频的能力，用户只需上传图片，即可快速生成相应的动态视频内容。这一功能对于希望通过静态图片创造动态视觉效果的创作者尤为实用。
- 镜头控制功能：可灵平台提供了包括横移、摇镜头等多种镜头控制选项，使生成的视频更具动感和趣味性。这些编辑工具允许用户在保持原始素材不变的基础上，灵活调整视频视角和焦点。
- 多场景应用：可灵平台的视频生成技术广泛应用于广告、短视频创作、电影短剧分镜、电商视频、宣传片、推文视频等多个领域。艺术家和设计师可借助可灵大模型实现复杂的艺术创作，生成高品质的电影特效和动画；而影视制作人则可利用其生成影视剧中的特效场景，从而降低实景拍摄成本，提升制作效率。

※ 特色功能
- 首尾帧控制：用户可自定义视频的起始和结束画面，从而增强视频的专业感和个性化程度。
- 运动笔刷：通过运动笔刷功能，可以为图片中的元素（如人物、物体等）设定运动轨迹，实现在图片转化为视频时，这些元素能按照预设轨迹进行运动。
- 视频延长：为满足不同用户的创作需求，可灵平台提供了视频延长功能，帮助用户生成更长时间的视频作品。
- 大师运镜：平台内置了多种专业的运镜效果，可显著提升视频的观赏性和艺术感。
- 高品质模式：在文生视频和图生视频方面，高品质模式提供了更高的画面清晰度和更出色的动态连贯性，确保生成的视频质量达到专业水准。

3.1.2 即梦

即梦，作为剪映旗下的一款重要产品，融合了尖端的自然语言处理技术与卓越的图像生成能力。使用者通过简洁的语言描述或上传图片作为创作起点，即可迅速产出高品质的图像与视频内容。用户每日登录即梦平台，即可获取 80 积分，这些积分可用于生成精美的图片和视频。当积分用尽后，可以选择开通会员服务，以持续享受图片和视频的生成功能。会员费用为每月 79 元，开通后即可每月获得 505 积分。即梦平台的界面设计直观且友好，如图3-2所示。

图3-2

1. 即梦的主要功能

- 图片生成：即梦具备将文字描述转化为图片的功能，用户只需输入一段描述性的文本，即梦便能根据这些描述生成相应的图片，便捷高效。
- 智能画布：即梦的智能画布功能采用创新的交互式设计，使用户能够轻松进行抠图、图像重组等操作，同时还可以根据提示词重新绘制全新的图像。这一功能极大地提升了用户在图片编辑和创作方面的灵活性和创造力。
- 视频生成：除了图片生成，即梦还能将文字描述转换成视频。用户输入描述性的文本后，即梦会自动生成与文本内容相匹配的视频。此外，它还支持以图片为基础，通过AI技术智能生成动态的视频内容。
- 故事创作功能：即梦独特的故事创作功能允许用户通过图片生成各个视频分镜头，并将这些分镜头巧妙地组合起来，形成一个完整且连贯的故事。这一功能助力用户借助AI技术讲述和创作出更加生动、富有个性化的故事。

2. 即梦的使用场景

- 中视频故事创作：即梦特有的故事模式，专为中视频故事创作者精心打造。在该模式下，创作者可以自由设计人物角色、生成丰富的场景图，并轻松将静态图片转化为动态视频。这一模式极大地简化了故事视频的创作流程。
- 短视频创作：对于追求时效与热点的社交媒体平台，即梦能迅速生成短视频内容，满足用户对"短平快"内容的旺盛需求。
- 广告和宣传视频制作：企业可借助即梦的高效生成能力，制作出高品质的广告和宣传视频，从而有效提升品牌形象，扩大市场影响力。

3.1.3 海螺AI

海螺AI是由MiniMax（上海稀宇科技有限公司）自主研发的一款先进的智能助手。该平台集成了尖端的人工智能技术，为用户提供多样化且高效的功能体验。值得一提的是，目前海螺AI平台是完全免费的，用户可以无障碍地享受其智能服务。海螺AI的视频生成界面如图3-3所示，用户可以通过直观的界面轻松创建视频内容。

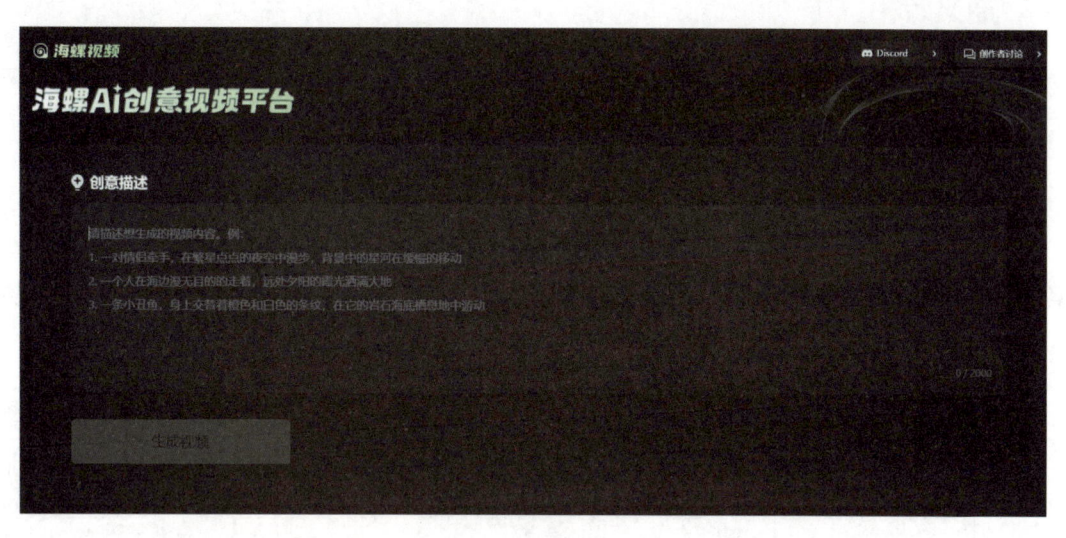

图3-3

1. 海螺AI的基本功能

- 内容创作与数据处理：海螺AI拥有强大的内容创作与数据处理功能，能够根据不同社交媒体平台的特点，创作出符合平台调性的文案，如小红书笔记、短视频脚本以及公众号文章等。

- 长文本处理：对于长文本内容，如论文、财报、会议纪要、书籍等，海螺AI能够快速提炼其中的关键信息，并进行精准的归纳总结。这一功能在应对大量信息时表现出色，有助于使用者迅速把握核心要点，从而大幅提高决策效率。

- 图像识别与辅助：海螺AI具备出色的图像识别能力，用户通过上传图片，即可轻松获取图片中的相关信息，或者借助AI进行创意性的内容生成。

2. 海螺AI的特色功能

※ 视频生成

- 创意生成：用户可以通过输入创意描述，轻松生成多样化的视频内容。海螺AI支持生成包括人物、产品、动物萌宠等多种类别的视频。

- 视频时长：为了满足短视频创作的需求，海螺AI生成的视频时长为5~6s，既简洁又富有表现力。

- 风格多样性：无论是3D、2D还是动漫风格，海螺AI都能根据用户的文本指令，精准生成对应风格的视频，极大地丰富了表现方式。

- 技术优势：基于先进的DiT架构，海螺AI能够模拟现实世界的物理规律，确保生成的视频既高效又逼真，为用户带来极致的视觉体验。

※ 音乐创作

海螺AI的AI音乐创作功能独具特色，用户可以根据个人喜好选择曲风，并创作歌词。对于歌词的创作，用户既可以选择亲自操刀，也可以通过填写提示词，让大模型协助生成贴切的歌词。目前，海螺 AI 能生成约 1 分钟时长的歌曲，为用户提供了全新的音乐创作体验。

3.1.4 通义万相

通义万相是阿里云推出的一款先进的 AI 工具，旨在辅助用户进行绘画和视频创作。在视频生成领域，通义万相视频作为一款完全免费的生成工具，独具特色，它支持文生视频和图生视频两种创作方式，能够根据用户提供的文字提示词或图片，自动创作出具有影视级画面质感的视频，视频时长最长可达 6s。此外，该工具还提供了多种艺术风格供用户选择，包括古风、科幻、动画等，并对中式元素的表现进行了特别优化。多语言提示词支持和可变分辨率生成功能进一步增强了其灵活性和实用性。值得一提的是，目前通义万相的生图和视频创作功能均是完全免费的，用户可以无负担地体验其强大的创作能力。通义万相界面如图3-4所示。

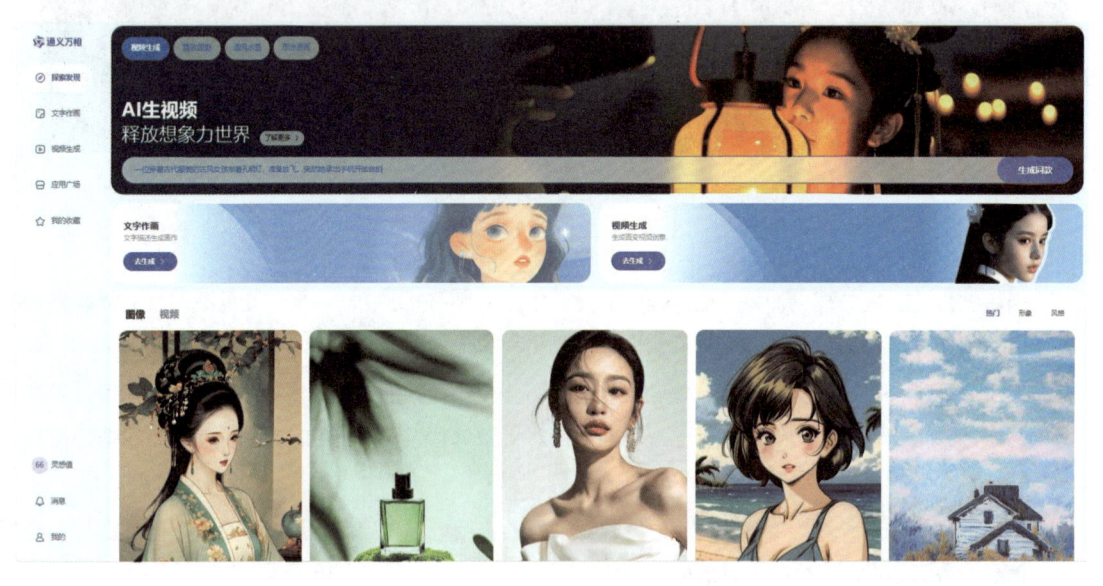

图3-4

1. 多模态创作

- 文生视频：创作者通过文字描述场景和故事，进而将这些描述转化为视频，从而实现高度的创作自由，这种方式为创作者提供了广阔的想象空间。
- 图生视频：该功能可以将静态图片转化为动态视频。通过使用提示词，创作者可以定制图片中的运动效果，使图片呈现出生命力。

2. 高质量视频输出

- 影视级高清：生成的视频具有卓越的画质，完全适用于影视、动画、广告等专业领域，满足了行业对高质量视频的需求。
- 多元艺术风格：支持包括古风、科幻在内的多种艺术风格，能够满足创作者不同的创意表达需求。
- 中式元素优化：在视频生成过程中，特别擅长融入中式传统元素，这不仅有助于传承，更能弘扬中国文化。

3. 强大技术支持

- 创新技术集成：通过集成创新技术，成功解决了画面表现力及大幅度运动等难题，并能模拟真实的物理特性，使生成的视频更加逼真。
- 高效VAE框架：采用高效的变分自编码器（VAE）框架，实现了高压缩比的同时保持了视频的高质量，从而提升了视频传输与存储的效率。
- 优化训练：通过轻量级的微调框架与精选的数据集，进一步提升了中式元素及风格化视频的生成质量。

3.1.5 白日梦

白日梦是一款融合了多项前沿技术的智能视频制作利器，它能轻松将输入的文案转化为引人入胜的视频内容。用户只需提供不超过 2000 字的文案，白日梦即可自动生成包含丰富角色、多样场景、精彩分镜和专业配音的完整视频。此外，用户每日登录白日梦平台都可获得 1000 积分，这些积分可用于生成图片和视频。同时，完成平台任务也能赚取额外积分。值得一提的是，目前白日梦平台完全免费，无任何收费项目。白日梦界面如图3-5 所示。

图3-5

白日梦主要功能如下。

- 文生视频：白日梦具备将文案转化为视频内容的强大功能。用户只需输入故事标题、故事正文等关键信息，白日梦便能智能生成包含丰富角色、多样场景、精细分镜和专业配音的完整视频。
- 动态画面：除了文生视频，白日梦还能将静态图片转化为动态视频。用户在选择旁白配音及背景音乐后，点击"生成视频"按钮，即可进入预览页面。在此页面，用户可以自由选择视频封面，并调节语速，以满足个性化需求。
- AI角色生成：白日梦能够智能识别文案中的角色，并为每个角色自动设置性别、声音和形象。这一功能极大地丰富了视频的角色表现力，提升了视频的观赏性和趣味性，如图3-6 所示。
- 人物/场景一致性：为确保视频的连贯性和观看体验，白日梦能够保持视频中各个角色的形象一致。此外，白日梦还提供了多种视频风格供用户选择，以满足不同故事主题和观众群体的需求。这一功能进一步增强了视频的定制性和专业性。

图3-6

3.1.6 清影

智谱 AI 推出的清影（Ying）是一款富有创新性的 AI 视频生成平台。该平台能够快速将用户输入的文字或图片转化为高质量的视频，从而为用户提供一种全新的创作体验。目前，清影尚处于内测阶段，所有功能均可免费使用，如图3-7所示。

图3-7

1. 主要功能

- 文字生成视频：创作者只需简单输入一段文字，短短30s内，就能迅速获得一段分辨率达1440×960的高精度视频。此外，还可以根据个人喜好选择多种风格，如卡通3D、黑白、油画、电影感等，并轻松配上音乐，使视频更具个性和吸引力。
- 图片生成视频：为创作者提供了更多新玩法，不仅可以用于制作表情包和"梗图"，还能满足广告制作、剧情创作、短视频创作等多种需求，极大地丰富了创作手段和可能性。

- 老照片动起来：基于清影的"老照片动起来"小程序，使用者只需上传一张老照片，AI技术就能让旧时光中的照片重新焕发活力，生动展现过去的美好瞬间。

2. 技术优势

- 新型DiT模型架构：清影采用了新型DiT模型架构，这使平台在复杂指令遵从能力、内容连贯性和画面调度上具有独特优势，能够更准确地理解和实现创作者的意图。
- 快速生成：仅需30s，清影就能快速生成一段6s、分辨率为1440×960的高精度视频。这一能力大大节省了视频生成的时间和成本，让创作者能够更专注于创意和内容的打磨。

3.1.7 星火绘镜

星火绘镜是科大讯飞公司推出的一个AI短视频创作平台。该平台凭借先进的人工智能技术，能够协助创作者在短时间内制作出具有专业水准的短视频。星火绘镜的操作界面如图3-8所示，其简洁直观的设计使用户可以轻松上手，快速完成视频创作。

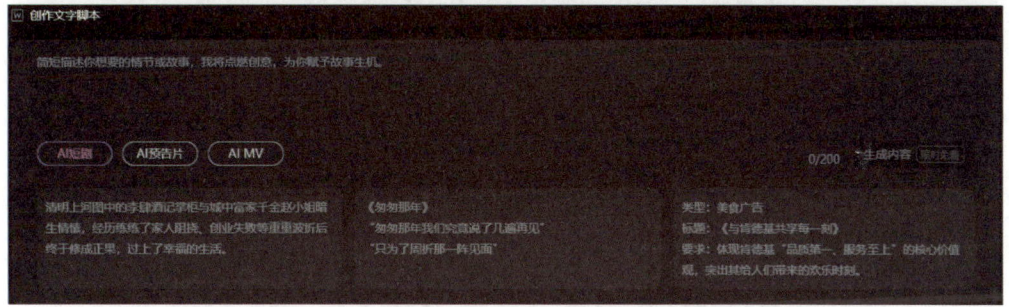

图3-8

1. 主要功能

- 智能剪辑：星火绘镜配备了强大的智能剪辑功能，极大地减少了创作者手动剪辑的工作量。该功能可自动识别视频中的关键帧，并进行智能剪辑，确保视频流畅且具备专业质感。
- 丰富的模板与特效：平台内嵌众多精致模板与特效供创作者选择。无论是偏好卡通风格、复古风情，还是现代简约设计，星火绘镜均能提供一键式应用，满足多样化的创作需求。
- 文字识别与字幕自动生成：得益于科大讯飞在语音识别领域的先进技术，星火绘镜能够轻松识别视频语音内容，并自动为其添加字幕，既增强了视频的可读性，也便于观众理解。
- 配乐与音效库：优质的视频往往离不开恰到好处的音乐与音效衬托。星火绘镜提供了丰富的音乐与音效资源，创作者可以根据视频情感和节奏轻松选配，使作品更加引人入胜。

2. 使用体验

- 简易操作：星火绘镜的操作界面直观易懂，即使是非专业人士也能迅速上手，制作出高质量的短视频。简单的几步操作，即可呈现专业级作品，大大降低了视频制作的难度。
- 创意的舞台：星火绘镜不仅是一款实用的工具，更是创意的展示平台。创作者可充分利用平台提供的多样功能与资源，将个人创意转化为令人赞叹的视频作品。

3.1.8 Vidu

Vidu 是一款综合性的 AI 视频工具，集视频生成、多镜头处理及个性化创作等多项功能于一身。而 Vidu AI 大模型，则是由北京生数科技有限公司精心研发的 AI 视频生成模型，其核心团队成员均来自清华大学人工智能研究院，专业背景深厚。

Vidu 的独特之处在于采用了团队原创的 U-ViT 架构，这一架构巧妙地融合了 Diffusion 和 Transformer 技术，从而实现了高效的视频生成与处理。借助这一创新架构，Vidu AI 大模型能够快速生成长达 16s、分辨率为 1080P 的高清视频。更为出色的是，该模型在模拟真实物理世界的同时，还展现出了卓越的想象力和创造力，为视频创作者带来了前所未有的便利和创新空间。

用户每月登录 Vidu 平台可获得 80 积分，这些积分可用于视频生成等相关服务。当积分用尽后，用户还可以选择购买套餐来继续享受服务。目前，每月支付 7.99 美元，即可获得 240 积分，以满足更多的视频创作需求。

Vidu 的界面设计直观易用，如图3-9所示，用户可以轻松上手，快速投入到视频创作中。

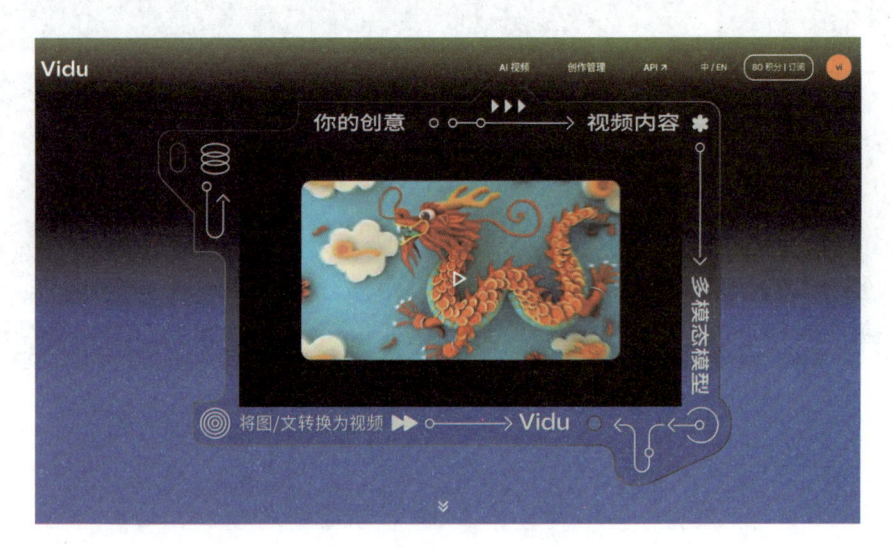

图3-9

1. 视频生成

Vidu 拥有强大的视频生成能力，它能够根据输入的文本或图片，生成长达 16s、分辨率高达 1080P 的高清视频内容。在模拟真实世界物理特征方面，Vidu 展现出了卓越的性能。例如，它能够精准地呈现水中游泳的小狗或含有球形玻璃容器的画面，确保每一个细节都展现出逼真的物理效果。

2. 多镜头生成能力

值得一提的是，Vidu 还具备生成多镜头的能力。它能够轻松完成复杂的镜头切换和专业的拍摄手法，这是许多同类 AI 视频工具所无法企及的。这一功能极大地丰富了视频的表现力，为创作者提供了更广阔的创作空间。

3. 时空一致性

在视频生成过程中，Vidu 始终保持着出色的运动幅度、一致性和稳定性。它对提示词的理解效果非常接近行业领先水平，如 Sora 等，从而确保了生成的视频内容既流畅又自然。

4. 个性化创作

为了满足不同使用者的需求，Vidu 提供了多样化的视频风格和模板。使用者可以像导演一样，精确控制视频的每一个细节，包括画面构图、音乐选择和文字呈现等，从而创造出独具个性的视频内容。这一功能极大地提升了视频创作的灵活性和创意性。

3.1.9 PixVerse V2

PixVerse V2 是爱诗科技公司最新推出的视频生成产品。该产品基于 Diffusion+Transformer（DiT）的基础架构，并融入了多项技术创新。在时空建模方面，PixVerse V2 采用了自研的时空注意力机制，这一创新不仅突破了传统的时空分离和 fullseq 架构的限制，而且显著增强了对空间和时间的感知能力，使其在处理复杂场景时能够展现出更加卓越的性能。

用户每日登录 PixVerse 平台可获得 50 积分，这些积分可用于视频生成服务。当积分用尽后，用户可以选择开通会员以继续使用服务。会员费用为每月 4 美元，开通后用户每月将获得 1000 积分。PixVerse V2 的界面设计直观友好，如图3-10所示，用户可以轻松上手并享受高效的视频生成体验。

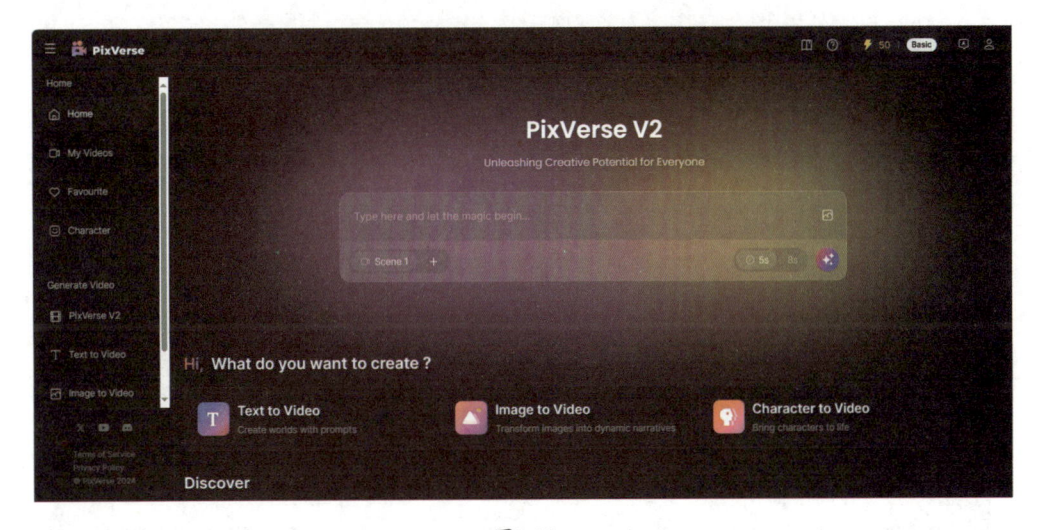

图3-10

1. 功能特点

- 多片段视频生成：PixVerse V2赋予使用者一次生成多个具有一致性的视频片段的能力，该功能使生成单片段8s或多片段合计40s的视频成为可能。
- 一键生成连续视频内容：PixVerse V2提供一键式操作，可生成1~5段连贯的视频内容。这些片段在主体

- **二次编辑功能**：PixVerse V2提供了对生成视频进行二次编辑的功能。借助智能识别内容和自动联想功能，使用者可以轻松替换或调整视频中的主体、动作、风格和运镜，极大增强了创作的灵活性。
- **技术创新**：PixVerse V2在传统的flow模型基础上进行了革新，通过引入加权损失机制，加速了模型的收敛速度，从而提升了整体训练效率。此外，它还采用了具有更强理解能力的多模态模型来精确提取提示词的表征，实现了文本信息与视频信息的完美对齐，显著增强了模型的理解和表达能力。

2. 应用场景

PixVerse V2 的应用场景极为广泛。无论是捕捉和记录日常生活中的灵感闪现，还是创作引人入胜的视频故事，它都能让这一切变得触手可及。其创新的功能和强大的生成能力，为使用者开辟了更广阔的创作空间。

3.2 七大国外平台

3.2.1 Pika

Pika 是一款视频生成应用，它巧妙地运用人工智能技术，协助使用者轻松生成和编辑视频。Pika 的亮点在于其能够创作出多样化的视频风格，涵盖动漫、Moody、3D、水彩、自然、黏土动画以及黑白等。使用者仅需输入简洁的文本描述，或者上传图像并辅以文字说明，便能制作出高品质的视频作品。

除此之外，Pika 还额外提供了视频风格转换和视频内容编辑的实用功能。使用者可以根据个人喜好，自由更改或增添视频中的元素，甚至调整视频的尺寸，以满足不同场景的需求。

对于初次登录 Pika 平台的使用者，系统将赠送 250 积分作为见面礼，这些积分可用于视频生成服务。当积分用尽后，用户可以选择开通会员服务以继续享受 Pika 带来的便利。基础会员费用为每月 8 美元，开通后，会员将每月获得 700 积分以供使用。Pika 的界面如图3-11所示。

图3-11

Pika 的主要功能如下。

- 文本生成视频：使用者可以通过文字描述所期望的场景，Pika会智能地根据这些信息生成对应的视频内容。
- 图像生成视频：除了文本，使用者还可以选择上传图片，Pika会根据图片内容生成动态视频。
- 风格生成：Pika提供了丰富的视频风格选择，包括动漫、Moody、3D、水彩、自然、黏土动画、黑白等多样化风格。使用者可以在保持画面内容不变的基础上，自由切换视频风格，实现个性化创作。
- 剪辑工具：Pika内置了多种实用的剪辑工具，如裁剪、拼接、变速、滤镜、贴纸等。这些工具能够帮助使用者根据自己的创意进行视频剪辑，实现专业级的编辑效果。
- 智能功能：Pika还配备了智能识别音乐、智能抠图、智能配音等高级功能。这些智能化工具可以极大地提升视频剪辑的效率，助力使用者快速完成高质量的作品。
- 高质量输出：借助先进的AI模型和技术，Pika能够生成细节丰富、色彩鲜艳的高质量视频内容，确保每一位使用者的创作都能达到满意的效果。
- 多样化风格支持：Pika支持生成多种风格的视频，无论是复古、现代还是其他任何风格，都能轻松满足使用者的不同创作需求，让创意发挥无限可能。

3.2.2 Stable Diffusion

Stable Diffusion 是一款基于深度学习的文本到图像生成模型。自发布以来，该模型的功能和应用场景得到了不断的拓展，现已支持视频制作。目前，通过运用多种插件，Stable Diffusion 已能顺利实现视频制作功能。Stable Diffusion 视频制作界面如图3-12 所示，以下是对其中的插件及其功能的详细介绍。

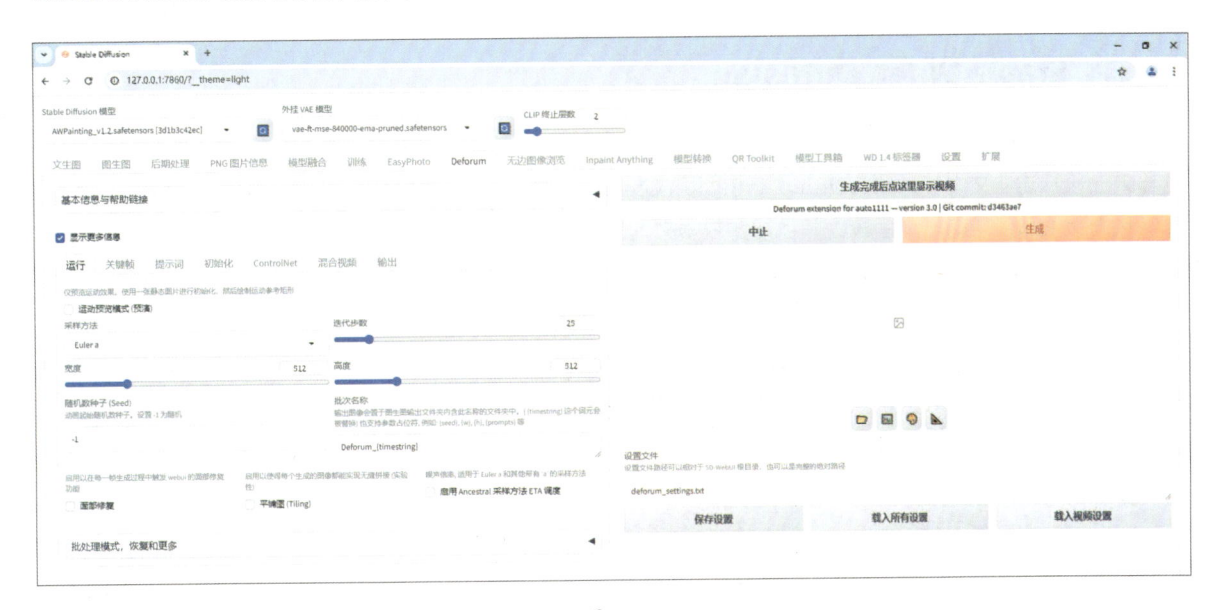

图3-12

1. 视频制作插件

- Deforum：此插件能依据文字描述或参考视频，生成一系列连贯的图像，并流畅地将这些图像拼接成视频。它运用image-to-image function技术，对图像帧进行微调，并采用稳定的扩散方法生成后续的帧，确保帧与帧之间细腻过渡，从而提供顺畅的视频播放体验。Stable Diffusion Web UI则为用户提供了一个直观易用的图形操作界面，使用户能在几乎无须编写代码的情况下启动并监控整个训练过程。

- AnimateDiff：通过输入文本描述，AnimateDiff能够自动生成与文本内容紧密相关的视频。该插件高效、灵活且对用户友好。创作者可根据创作需求调整文本内容和相关参数，以达到理想的视频效果。AnimateDiff插件在短视频制作、广告宣传、教育培训等多个领域都有广泛应用，为创作者带来了全新的视频创作手段。

- Temporal Kit：此插件能从原始视频中自动提取关键帧，这些关键帧反映了视频中的重要场景或动作转变点。创作者可选择一张或多张关键帧图像，在图生图功能中测试并确定统一的风格，随后将这种风格应用到其他关键帧和中间帧，以确保视频整体风格的统一。但要注意，它还需要配合EbSynth或其他视频合成工具，将处理后的帧图像重新合成为完整的视频。

2. Stable Diffusion视频制作的优势

- 逼真的视觉效果：Stable Diffusion能够生成高质量、高分辨率的视频内容。其画面细节丰富，色彩还原度极高，为视频制作者带来了近乎真实的视觉体验。

- 多样化的风格呈现：此技术可在不同场景与风格之间灵活转换。创作者可根据创作需求调整相关参数，从而改变生成的图像和视频效果，实现视觉效果的多样化展示。

此外，Stable Diffusion 还支持风格迁移与动态合成功能。这意味着创作者可以将特定的艺术风格应用到视频的每一帧中，或者巧妙地将 Stable Diffusion 生成的内容与原有视频素材相融合，创造出别具一格的视频效果。

3.2.3 Stable Video Diffusion

Stable Video Diffusion 是由 Stability AI 公司发布的基于人工智能的视频生成工具。在功能层面，用户只需输入一段描述性文本，Stable Video Diffusion 便能自动生成与该文本内容相契合的视频，从而为用户提供一种更为灵活和便捷的创作手段。除了能够根据文本生成视频，Stable Video Diffusion 还支持将静态图像转化为动态视频。此外，Stable Video Diffusion 还提供了多帧生成和帧插值功能，能够生成 14 或 25 帧的视频，且分辨率可高达 576×1024。

在使用上，用户可以选择以下 3 种方式：首先，可以直接从 Stable Video Diffusion 的官方网站下载一键整合包至本地，解压后双击包中的启动程序。待环境安装并启动后，Stable Video Diffusion 的图形化操作界面会自动在浏览器中出现，如图3-13 所示。

其次，可以在 SD WebUI 和 ComfyUI 中以插件形式安装 Stable Video Diffusion。在 SD WebUI 中使用 Stable Video Diffusion 的方法与整合包类似，而在 ComfyUI 中使用 Stable Video Diffusion 则需要构建相关的工作流。

最后，对于硬件配置不高的用户，可以选择在相应网站上在线使用 Stable Video Diffusion，其操作方式与本地部署类似。这种方式轻松解决了硬件配置不足的问题，但需要注意，免费生成次数用尽后，继续生成视频将产生费用。

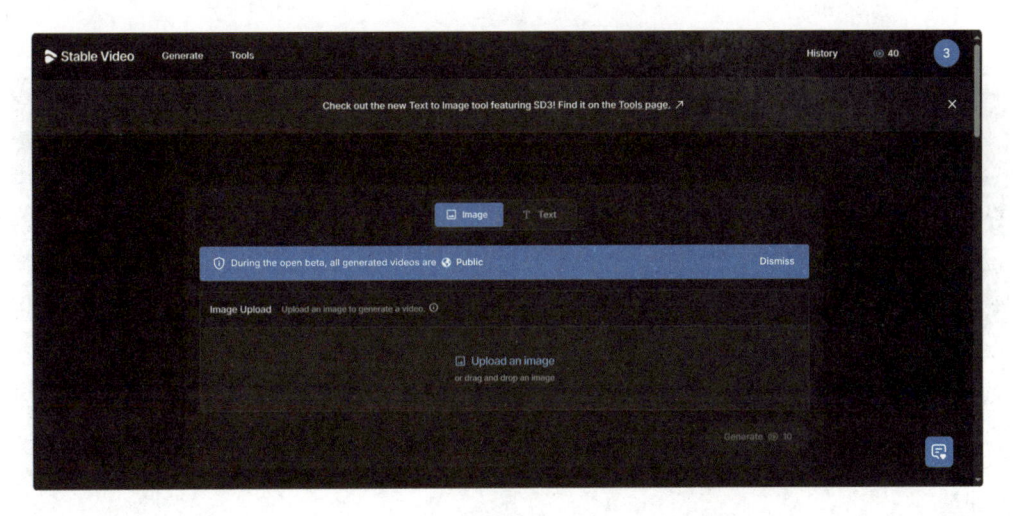

图3-13

作为一款先进的生成式 AI 视频工具，Stable Video Diffusion 凭借其强大的功能和广阔的应用前景，正逐步改变着视频创作与处理的模式。

Stable Video Diffusion 的特点如下。

- 多视角视频合成：此模型具备从单个图像中合成多视角视频的能力，这一特性在虚拟现实和增强现实的应用场景中显得尤为实用。
- 高度可定制性：创作者可以根据实际需求，灵活调整生成视频的帧率及其他相关参数，从而满足各种特定的创作或应用要求。
- 开源与非商业用途支持：Stable Video Diffusion采用开源方式发布，同时，Stability AI还提供了详尽的文档与代码资源，供广大研究人员和开发者进行非商业性质的研究与开发工作。

3.2.4 ComfyUI

ComfyUI 是一款功能强大的 AI 绘图与创作工具，支持通过插件来扩展其多样化功能，视频制作便是其中之一。在 ComfyUI 平台中，用于视频制作的插件琳琅满目，各具特色，且操作方式不同，ComfyUI 视频制作工作流界面如图3-14 所示，以下是对其中插件的详细介绍。

1. 视频制作插件

- AnimateDiff：该插件能够结合Stable Diffusion算法，生成高品质的动态视频。它利用动态模型实时追踪人物动作及画面变化，实现从视频到视频的转换。创作者可以通过选择不同的模型、VAE和动态特征模型，生成多样化风格和效果的视频。此外，AnimateDiff还提供了丰富的参数设置，允许创作者根据需要调整视频帧率、载入视频的最大帧数，以及每隔多少帧载入一帧画面等，从而实现对视频生成的精细控制。
- ProPainter：此插件专注于视频修复领域，凭借双域传播和蒙版引导的稀疏视频变换器等技术，能够精确擦除视频中的对象、去除污点并补全画面。它结合了图像和特征域的优点，利用一致性提升信息传播的可靠性，同时丢弃不必要的冗余窗口以提高效率。ProPainter可以无缝集成到ComfyUI的工作流中，支持批量处理、自动化视频修复等流程化操作。

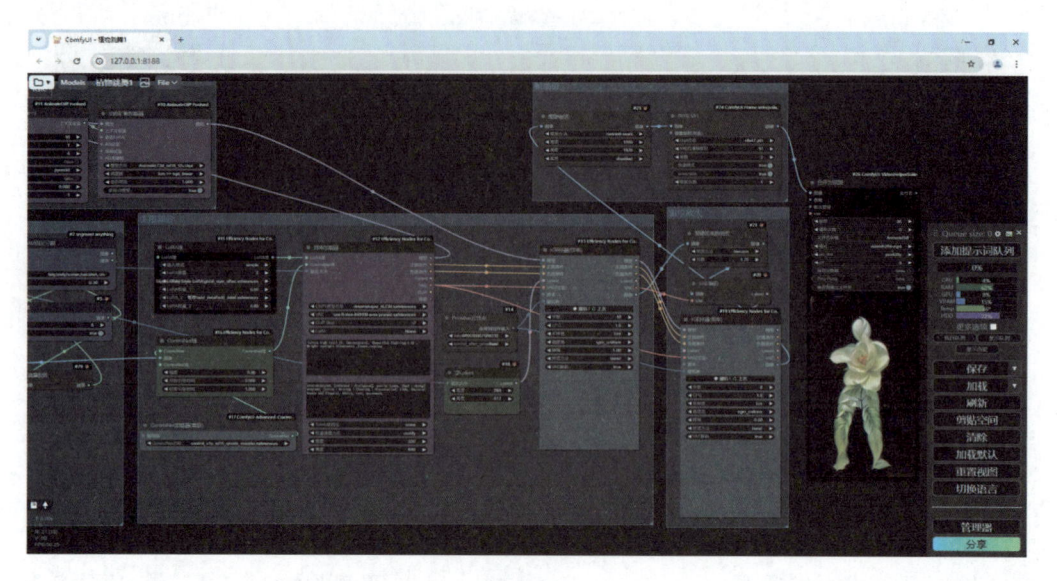

图3-14

　　ComfyUI 通过其插件系统，为创作者提供了丰富的视频制作功能。无论是视频修复与补全、视频格式转换还是其他视频处理任务，创作者都能在 ComfyUI 中找到合适的插件来辅助完成。同时，随着 ComfyUI 社区的不断发展和创新，创作者可以期待更多惊喜和可能性。

2. ComfyUI 的核心特性

- 工作流定制：ComfyUI将图片生成任务细分为多个环节，这些环节有机组合，构成一个完整的工作流。创作者可以根据自己的需求，通过配置这些环节来实现个性化的图像生成逻辑。
- 高度可定制性：ComfyUI为创作者提供了通过工作流实现高度自动化的可能性，这不仅简化了创作过程，还使创作流程和方法更加易于被他人理解和重现。
- 中文搜索支持：只需简单的代码调整，ComfyUI便能支持中文搜索功能，这一特性对于需要用到中文提示词的创作者而言，极具实用价值。

3.2.5　Dream Machine

　　Luma AI 是一家致力于人工智能视频生成技术的企业，最近发布了其最新的视频生成模型——Dream Machine。该模型能够在短短 120s 内生成一段包含 120 帧的视频，相当于一段 5s 的流畅动画。用户每月登录 Dream Machine 平台，可享受 30 次免费生成视频的机会。当免费次数用尽后，用户可以选择开通套餐继续使用，每月支付 29.99 美元即可获得 120 次视频生成的机会。Dream Machine 的界面如图3-15 所示。

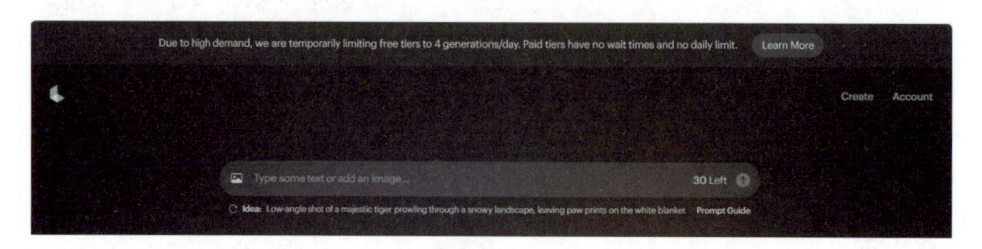

图3-15

1. 应用场景

该产品被广泛应用于多个领域，包括生活记录、游戏开发、动画与影视制作、商品展示与销售、地图导航以及机器人技术等。

2. 技术特点

- 高质量视频生成：Dream Machine能够从文本和图像中生成高质量的视频内容。它支持灵活的摄像机视角变换，如追踪、环绕和俯视等效果，使摄像机运动更加流畅且自然。此外，该模型还具备物理模拟支持功能，能够更真实地反映物理世界的各种特性，如重力作用、碰撞效果以及光影变化等。
- 动态模拟与物理一致性：为了实现视频的动态模拟与物理一致性，Dream Machine深入理解和模拟现实世界的物理规律。这包括对物体和场景运动的精确模拟，以及确保所生成视频中的物体和场景严格遵循现实世界的物理法则。
- 模型的独特能力：Dream Machine拥有生成各种动态和富有表现力的人物的能力，同时它也能生成其他具有挑战性的视频内容。官方提供的demo充分展示了该模型的一些独特功能，例如能够创造出多样化且富有生动表现力的人物动态。

3.2.6 Sora

Sora 是 OpenAI 推出的新一代 AI 视频模型，该模型能根据用户提供的文本描述，生成长达 60s 的高质量视频，且在保持视觉效果的同时，严格遵循指令要求。Sora 融合了语言理解与视觉生成两大技术，能构建出错综复杂的场景与角色。Sora 的界面如图3-16所示，以下是 Sora 的几大特点。

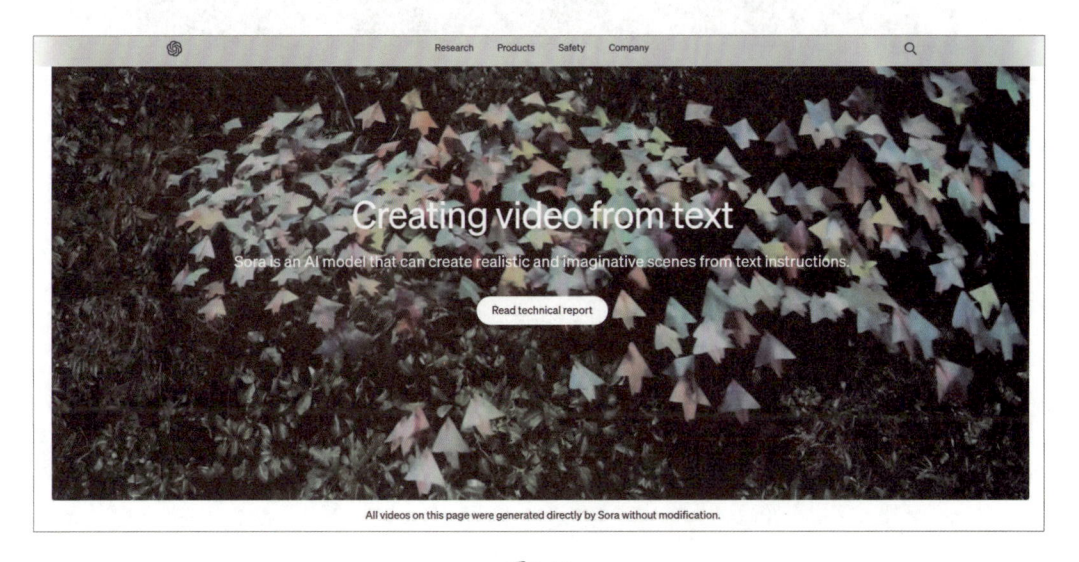

图3-16

- 高质量视频生成：Sora能生成长达60s的高质量视频，其清晰度和流畅度可媲美专业设备拍摄的效果。与以往主流的AI生成视频相比，Sora不仅突破了视频长度的限制，还消除了可能的卡顿现象。
- 灵活的视频编辑功能：除了能将文本转化为视频，Sora还能将静态图片转化为动态视频，且效果远超简单的动画呈现。用户还可以对视频的特定部分进行编辑，如替换不满意的背景，从而提供了更大的创作自由度。

- 广泛的应用领域：Sora的应用场景极为广泛，涵盖了教育教学、产品演示、内容营销等多个领域。使用Sora可大幅减少烦琐的人工录制与渲染流程，显著提升创作效率。
- 物理与数字世界的模拟能力：Sora还提供了模拟物理世界和数字世界的能力，例如实现三维一致性和交互性，预示着未来可能发展出更为先进的模拟器。这一功能是通过在视频和图像的潜在压缩空间中进行训练实现的，它能将视频分解为时空位置补丁，从而实现可扩展的视频生成。
- 先进的视觉生成技术：Sora采用扩散模型，从潜在压缩空间中生成内容。此技术能根据文本提示生成高质量视频，并支持多种分辨率、长度和纵横比的视频生成。
- 个性化定制服务：Sora允许用户根据个人需求定制角色、场景和动作等元素，从而创作出独一无二的视频内容。这种个性化的定制能力，使Sora能满足不同用户的创作需求。

3.2.7 Runway

Runway 是一款融合了多种 AI 技术的视频和图像生成工具，Runway 的界面如图3-17 所示，其特色功能主要体现在以下几个方面。

图3-17

- Text-to-Video（文字到视频）：通过Runway，创作者只需输入简单的文字提示，即可生成相应的视频内容。用户可以自由调整风格、构图、氛围等多种设置，确保所生成的视频完全符合个人需求。
- Image-to-Video（图像到视频）：创作者可上传现有图像，并通过调整相关设置，轻松将这些静态图片转化为动态视频，为原本静止的画面注入活力。
- Act-One功能：Act-One作为Runway的全新功能，实现了AI面部表情迁移。用户只需上传一段人物表演视频，即可驱动虚拟角色做出相同的面部表情。这一功能显著降低了动画制作的成本和时间，使创作者能够让静态图像栩栩如生，从而打破了传统技术的束缚。
- 多模态AI系统：Runway的Gen-2 AI是一个多模态AI系统，它能够生成融合文本、图像或视频剪辑的创新视频内容。在Runway平台上，创作者需要先上传媒体文件，随后便可进行自由的编辑和处理。
- 视频后期处理功能：Runway还提供了丰富的视频后期处理功能，涵盖视频修复、视频主体跟随运动、景深效果添加、视频元素/背景删除以及3D纹理生成等。这些功能助力创作者对视频进行精细的编辑和美化。

- 易用性和高效性：Runway拥有简洁直观的界面设计，使每位创作者都能迅速掌握操作方法。同时，其快速生成视频的能力，也极大地提升了创作效率。

3.3 四大个性化小体量AI视频生成平台

3.3.1 通义千问：全民舞王

全民舞王是阿里云旗下的一款人工智能技术产品，它依托阿里通义实验室研发的先进AI技术，能够根据用户上传的照片生成相应的AI跳舞视频。这项技术背后的核心算法是实验室自研的视频生成AI模型——AnimateAnyone。若要使用全民舞王，只需在手机端下载通义千问App，并在应用中搜索"全民舞王"即可轻松体验。全民舞王的界面如图3-18所示，简洁直观，便于用户操作。

图3-18

1. 功能介绍

- 生成舞蹈视频：只需上传一张照片，全民舞王便能迅速生成一段精彩的舞蹈视频。在这段视频中，角色会跟随预设的舞蹈模板翩翩起舞，同时精准地保留原照片中的面部表情、身材比例、服装风格以及背景特色。

- 丰富的舞蹈模板：全民舞王提供了多样的热门舞蹈模板，包括"科目三""蒙古舞""划桨舞""鬼步舞"等，总计12种各异的舞蹈风格，供用户随心选择，满足不同的创作需求。

- 广泛的输入支持：用户不仅可以上传真人照片，还能尝试上传动漫/游戏角色、雕像、手办等非真人图片，甚至是手绘作品。只要图像具备清晰的面部特征，全民舞王都能巧妙地将其转化为动感十足的舞蹈视频。

- AnimateAnyone：这一由阿里通义实验室自主研发的视频生成模型，是全民舞王技术的核心。它能够精确捕捉用户的面部表情、身材比例以及服装背景等关键特征，进而生成极具个性化的AI舞蹈视频。

2. 应用场景

全民舞王凭借其独特功能，吸引了众多用户。无论是普通人想要制作趣味横生的舞蹈视频，还是让兵马俑、奥特曼、钢铁侠等虚拟角色跳起流行舞蹈，全民舞王都能轻松实现。这一创新功能为社交媒体注入了新的活力，成为娱乐领域的一股清流。

3.3.2 魔法画师

魔法画师是一款利用 AI 技术打造的创新工具，它允许用户通过简便的操作生成"植物跳舞"的视频。通过这些视频，用户可以展现植物以极具动感和炫酷的方式舞动，这类视频在社交媒体上往往能吸引大量点击和关注。图3-19 展现了媒体平台上植物跳舞类视频的内容及点赞数量，可见其受欢迎程度。若想尝试这一新颖的创作方式，只需在微信小程序中搜索"魔法画师"，即可轻松进入该平台。魔法画师的界面直观易用，如图3-20所示。

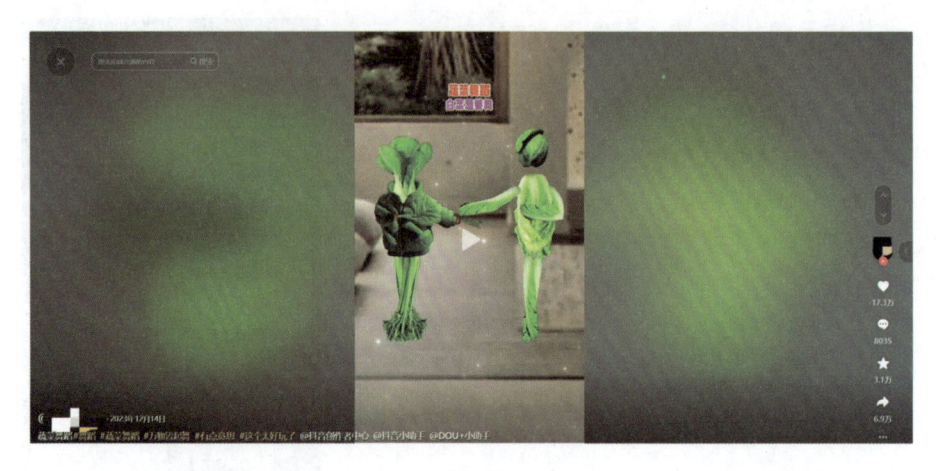

图3-19

图3-20

利用魔法画师工具,可以轻松创建一个以植物跳舞为主题的媒体账号。该工具能在约 2 分钟内快速生成一条视频,且目前完全免费,无须担心任何额外费用。在账号运营初期,可以借助 AI 技术制作一些热门内容,以迅速吸引粉丝关注,进而将积累的流量有效变现。

3.3.3 美图设计室

美图设计室全新推出的"图转视频"功能,能够将静态的商品图片巧妙转化为动态视频,这一创新为电商行业注入了新的营销活力。用户只需访问美图设计室官方网站,在主页上单击"图转视频"按钮,即可进入商品图转视频的专属界面,如图3-21 所示。

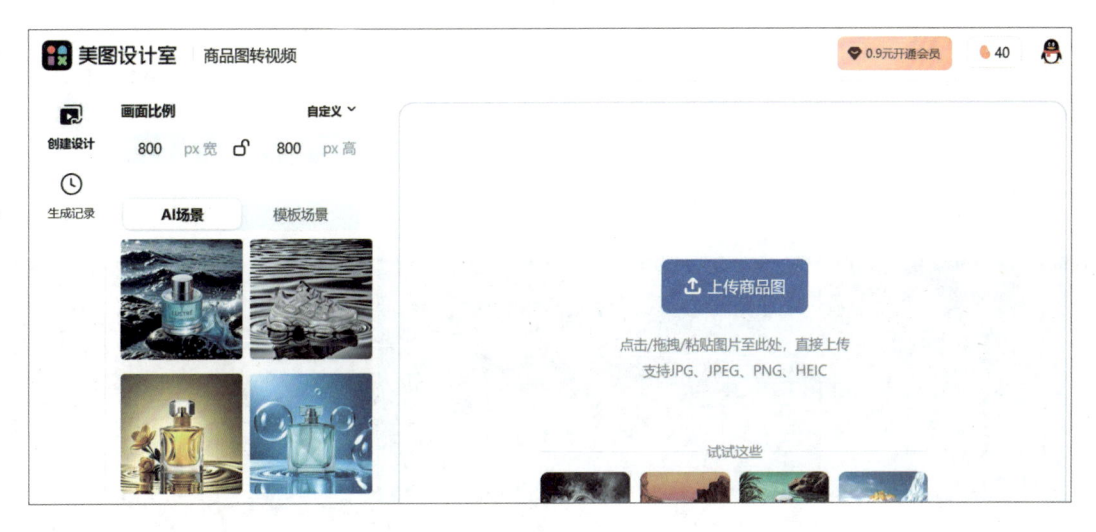

图3-21

通过该功能生成的视频,商品将以动态的形式呈现,同时商品周围的背景也会随之变得生动起来。整个画面因此充满了灵动感和真实感,带给观众全新的视觉体验,如图3-22 所示。

图3-22

美图设计室的商品图转视频功能具备以下显著特点。

- 操作简便：用户仅需上传商品图片，美图设计室的AI图生视频功能便能迅速生成具有鲜明动态效果的视频。目前，此功能支持生成MP4和GIF两种常用格式，非常符合公众号、朋友圈等社交平台的传播特性与需求。
- 应用场景广泛：该功能极大地满足了电商营销人员的创新广告需求，为他们提供了更加丰富多样的视频内容选择。这不仅增强了商品展示的吸引力，还有效提升了营销活动的效率和成果。

3.3.4　GoEnhanceAI

GoEnhanceAI 是一个由 AI 驱动的图像和视频编辑平台，它专注于视频风格转换与图像增强放大。该平台致力于利用先进的 AI 技术来简化视频和图像的后期处理流程，从而显著提升作品的质量，并助力使用者在艺术创作和内容制作中取得更加出色的成果。用户首次登录即可获得 45 积分，这些积分可用于生成视频。当积分用尽后，用户可以选择开通会员以获取更多积分，每月支付 8 美元即可获得 600 积分。GoEnhanceAI 的界面直观易用，如图3-23 所示。

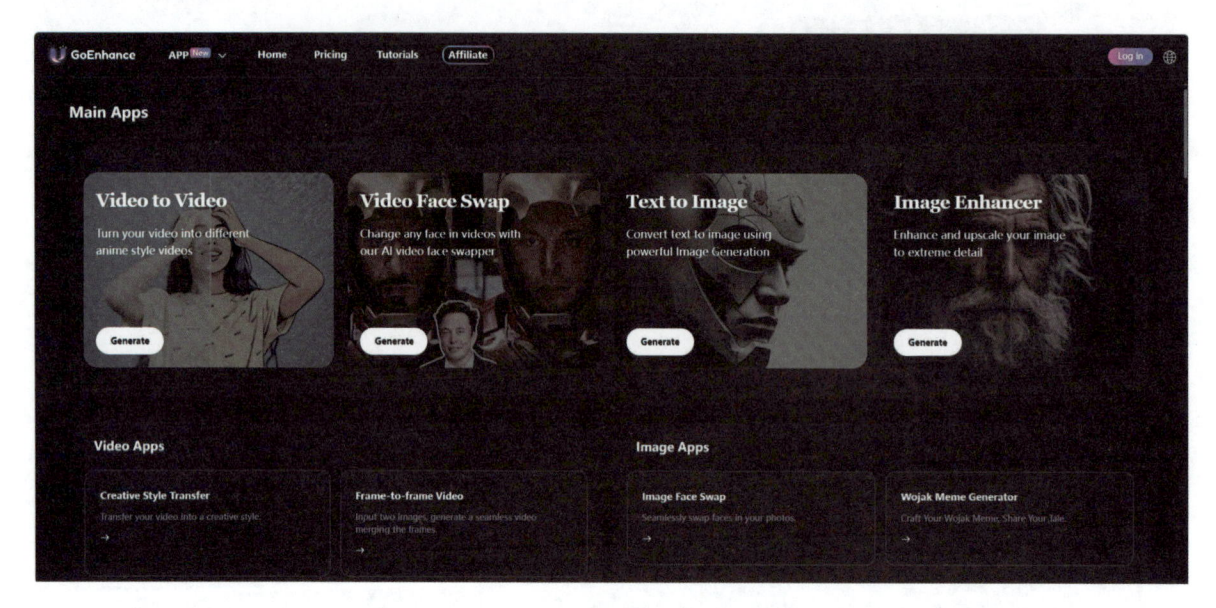

图3-23

GoEnhanceAI 作为一款视频工具，提供了众多个性化功能，具体如下。

- 视频风格转换：用户可以借助GoEnhanceAI轻松将视频转化为多种艺术风格，例如像素风格、动画风格等。此功能非常适合用于创作独特内容、娱乐目的以及艺术实验。
- 图像增强与放大：利用先进的AI技术，GoEnhanceAI能够显著提升图像的清晰度和细节表现，确保图像在放大后依然保持高质量。平台提供了"真实""动漫""创造力""HDR"和"相似度"等多种增强模式，以满足不同类型图像的处理需求。
- 互动视频生成：该功能允许用户基于上传的照片和脚本内容，创建出具有高度互动性的视频内容。这一创新功能为数字内容创作者带来了全新的创作空间和可能性。

3.4 其他平台

除了前文介绍的视频生成平台，还有诸如 LiblibAI、神采 PromeAI 以及 WinkStudio 等平台，同样能够为用户提供特色视频的生成与创作服务。以下是对这些平台的简要介绍。

3.4.1 Liblib AI

Liblib AI（哩布哩布 AI）是由北京奇点星宇科技有限公司运营的 AI 图像创作绘画平台和模型分享社区，它基于 Stable Diffusion 技术构建。该平台致力于利用先进的 AI 技术，为创作者提供快速实现个性化创意设计的支持，从而满足各个设计领域的需求。目前，Liblib AI 已推出图生视频功能，用户只需一键操作，即可将图片轻松转化为视频。Liblib AI 的图生视频界面如图 3-24 所示，直观易用，为创作者带来了极大的便利。

图 3-24

3.4.2 神采 PromeAI

神采 PromeAI 是一款由人工智能驱动的设计助手，配备了广泛且可控的 AIGC 模型风格库。它能够帮助创作者轻松打造出令人赞叹的图形、视频和动画，因而成为建筑师、室内设计师、产品设计师以及游戏动漫设计师不可或缺的得力工具。神采 PromeAI 的"图生视频"功能非常实用，创作者只需上传一张图片，该功能便能将其转化为动态视频。其工作原理是利用 AI 算法深入分析和预测图片中元素的运动方式，从而营造出一种既包含物体自身运动又兼具镜头移动效果的生动视频。神采 PromeAI 的图生视频操作界面如图 3-25 所示。

图3-25

3.4.3 WinkStudio

WinkStudio是美图公司推出的一款AI视频编辑工具，该工具集成了先进的AI技术，致力于提高视频创作者的工作效率。用户下载WinkStudio后即可立即使用，无须烦琐设置。其操作界面如图3-26所示。

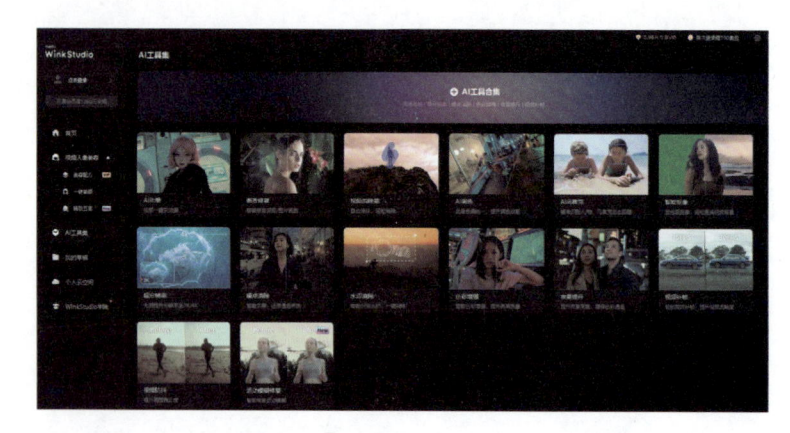

图3-26

1. 产品特点

- 视频编辑功能：WinkStudio不仅具备视频剪辑、调色、添加特效和音效等基础功能，更融合了先进的AI技术，从而帮助用户更加轻松地完成高质量的视频创作。
- 人像美颜功能：WinkStudio特别强化了视频美容功能，专注于每一帧的人像美化，确保视频中的每一刻都绝美如画。同时，它还配备了画质修复技术，能有效去除照片和视频中的噪点和模糊，显著提升画面质量。
- 高效直观的界面：WinkStudio的操作界面设计得简洁明了，使用户即使没有专业基础也能迅速上手。此外，软件还支持批量人像处理和水印消除功能，极大地提升了工作效率。

2. 技术优势

WinkStudio得益于美图公司强大的AI技术支持，为用户提供了包括配方批量出片、智能画质修复、发丝级抠像、批量色调统一等高级功能，这些功能充分满足了不同用户的个性化需求。更为出色的是，WinkStudio

还支持高质量视频输出,最高可导出 4K 超清视频,为用户带来了极致的视觉体验。

3.4.4 快影

　　快影的 AI 情感视频功能,作为快手在 AI 技术领域的一项重磅创新,深受用户喜爱。该功能凭借尖端的 AI 算法与模型,能够根据用户提供的文字描述、图片等素材,智能生成情感丰富、贴切匹配的视频内容。其独特之处在于,用户只需一键操作,即可轻松制作出特定主题的情感类视频,无论是温馨动人的亲情故事、振奋人心的成长历程,还是诙谐幽默的生活点滴,快影的 AI 情感视频功能均能精准捕捉并完美诠释最细腻的情感色彩。这不仅显著提升了视频制作的效率,更降低了创作的门槛,让更多人能够轻松投身于视频创作的世界。使用方法非常简单:只需在手机端下载快影 App,点击"AI 创作"按钮,即可找到"AI 情感视频"功能。其操作界面如图3-27 所示。

图3-27

1. 功能介绍

- 高效生成:用户仅需输入简短的文字描述或上传图片,AI系统便能在极短时间内生成相应的视频内容,从而大幅节省用户的时间与精力。
- 情感丰富:AI系统具备理解与模拟人类情感的能力,使生成的视频内容更为生动、引人入胜。无论是温馨、幽默还是感人的场景,AI均能游刃有余地呈现。
- 风格多样:快影平台的AI情感视频功能提供多种风格与效果供用户选择,用户可根据个人需求和喜好进行灵活调整与定制。
- 画质高清:生成的视频内容支持高清画质输出,确保用户能够享受到优质的观看体验。

2. 优势

- 提升创作效率:融入AI技术后,情感类视频的制作流程更为高效,用户无须耗费大量时间进行烦琐的剪辑工作,从而显著提升了工作效率。
- 激发创意灵感:AI技术提供的多样化风格素材、文案及模板,能够为用户带来更多的创作灵感,助力其制作出更具创意和吸引力的情感类短视频。
- 降低创作门槛:即使是没有专业视频制作经验的用户,也能通过快影的AI功能轻松制作出高质量的短视频内容,让视频创作变得更加简单易行。

第 4 章
掌握可灵视频平台基本使用方法

4.1 可灵视频制作基本流程与方法

使用可灵生成视频主要有两种方法。下面简要介绍生成视频的基本流程，而具体的操作步骤和内容细节将在后文中详细阐述。

第一种方法称为"文生视频"，这种方法是通过文本描述来生成视频，用户只需输入相应的描述词汇并设定相关参数，系统即可根据这些信息生成视频。文生视频的界面如图4-1所示。

第二种方法称为"图生视频"，这种方法是通过用户提供的图片作为基底来生成视频。用户需要输入文本描述词并上传所需图片，之后系统会根据这些信息创建视频。图生视频的界面如图4-2所示。

在使用文生视频和图生视频功能生成视频之前，需要选择适合的模型。目前，系统提供了可灵1.0模型和可灵1.5模型供用户选择，选择界面如图4-3所示。其中，可灵1.5模型支持生成1080P高清视频，其具体效果将在后文中详细介绍。

图4-1　　　　　　　图4-2　　　　　　　图4-3

4.2 通过文生视频的方式生成视频

文生视频的定义及其相关内容已在前文详尽阐述，此处不再赘述。接下来，将重点介绍可灵文生视频的具体功能。

4.2.1 可灵文生视频的优势

文生视频的操作流程相当直观且简单易行，即便是初学者也能迅速掌握。此外，在视频生成过程中，用户可以轻松地将个人想法和创意融入其中，从而制作出更符合自己期望的视频效果。

4.2.2　可灵文生视频的劣势

目前，可灵文生视频技术主要依赖快手平台的大规模数据集进行模型训练。这些数据集大多聚焦常见场景和主题。因此，在遇到诸如粒子效果视频、数据可视化视频等较为特殊或不常见的题材时，由于模型在训练过程中缺乏相关先验知识，生成的视频质量可能会显著降低。具体问题包括但不限于画面细节模糊不清、逻辑连贯性较差等。

在通过文本输入来描述期望生成的视频内容时，语言表述往往存在一定的模糊性和主观性。在处理常见场景时，这种模糊性可能不会对视频生成造成太大影响。然而，在面对复杂或特殊的题材时，模型可能难以准确捕捉文本中的细微差别，并将其转化为高质量的视觉表达。这可能导致最终生成的视频效果与用户的预期存在明显偏差。

4.2.3　文本复杂度对视频生成效果的影响

在可灵文生视频中，用户输入的提示词文字上限为 500 字。然而，受技术限制，可灵可能无法同时关注到长句中的所有信息点。长句往往包含众多信息元素，例如实体、事件以及它们之间的关系等。为了准确提取这些信息并理解其内在逻辑，系统需要具备出色的信息提取与解析能力。遗憾的是，目前可灵在这一领域仍有待加强。接下来，将通过长句、中句和短句三种不同类型的提示词来展示各自的生成效果。

- 创意描述短句提示词：一个小女孩在公园的草地上欢快地追逐着五彩斑斓的蝴蝶。

  生成效果：如图4-4所示，可以看到小女孩在草地上尽情奔跑，追逐着色彩缤纷的蝴蝶，场景生动且富有童趣。

图4-4

- 创意描述中句提示词：一个小女孩穿着粉色连衣裙，在公园的草地上追逐着五彩斑斓的蝴蝶。阳光透过树叶洒落，蝴蝶轻盈飞舞，偶尔停在盛开的郁金香上，小女孩悄悄接近，伸出手想要触摸那轻灵的翅膀。

生成效果：如图4-5所示，画面中的小女孩、蝴蝶与公园的自然景色交相辉映，构成了一幅生动而唯美的画卷。

图4-5

- 创意描述长句提示词：阳光洒在公园的草地上，给每一片绿叶都镀上了一层金色的光辉。小女孩穿着一件粉色的小裙子，裙摆随着她的奔跑轻轻飘扬。她的眼睛紧紧盯着一只五彩斑斓的蝴蝶，蝴蝶翅膀上的颜色如同调色盘一般鲜艳夺目，红、黄、蓝交织在一起。小女孩轻巧地跳跃着，试图抓住那只蝴蝶。两个小男孩也加入了这场有趣的追逐游戏。一个男孩穿着蓝色T恤，另一个则是一身橙色运动衫，两人你追我赶，偶尔还会停下来帮助小女孩去捕捉那只美丽的蝴蝶。公园里的树木投下斑驳的树影，一只小鸟停在一棵低矮的树上。阳光透过树叶的缝隙照在小鸟身上，它的羽毛闪烁着点点光芒。不远处，有一座小木桥横跨在一条清澈的小溪之上。溪边长满了各种各样的野花。孩子们跑过小桥时，他们的倒影在水中摇曳生姿，与周围的景色构成了一幅生动的画面。

生成效果：如图4-6所示，这幅生动的画面不仅捕捉到了孩子们纯真的欢笑和自然的美丽，更展现了童年时光中那份无忧无虑的快乐与自由。

图4-6

图4-6（续）

通过以上生成效果对比，我们发现，在描述画面时，使用中短句作为提示词生成的视频效果更佳。这些描述的内容几乎都能在画面中得到准确呈现。然而，对于长句子中的某些详细描述，部分内容在视频画面中并未得到体现，且生成的视频画面质量不令人满意。例如，在上述视频中，"蝴蝶翅膀上的颜色如同调色盘一般鲜艳夺目，红、黄、蓝交织在一起""一只小鸟停在一棵低矮的树上"以及"有一座小木桥横跨在一条清澈的小溪之上"等具体画面，并未在视频中展现出来。同时，对于小女孩和男孩们的细节描写也显得不够突出，导致整体视频效果欠佳，容易顾此失彼。

4.2.4 理解创意描述及负面提示词

创意描述指的是用户希望视频中展现的画面内容。关于提示词的具体撰写技巧，将在后文中详细阐述。而负面提示词的作用在于明确告知AI模型在生成视频时应避免包含哪些内容，从而增强视频的准确性和观众满意度，实现对画面效果的更有效控制。

在撰写负面提示词时，需要遵循三大原则。

- 明确性：负面提示词必须清晰、具体，杜绝模糊或含混不清的表述。
- 针对性：应直接描述那些不希望在视频中出现的元素或特征，例如"扭曲的手部动作"等。
- 简洁性：尽量使用简短、精练的词汇或短语来传达负面要求，避免使用冗长、复杂的句式。

图4-7展示了在输入创意描述"大雪覆盖的古老庭院，雪花静静飘落，给古老的建筑披上了一层洁白的外衣"而未添加任何负面提示词时所生成的视频效果。

图4-8为输入创意描述"大雪覆盖的古老庭院，雪花静静飘落，给古老的建筑披上了一层洁白的外衣"时，在负面提示词文本框中输入"行人"一词，根据这些指令生成的视频效果。

图4-7

图4-7（续）

图4-8

由此可见，负面提示词能够进一步调控视频画面的效果。在负面提示词文本框中输入"行人"后，画面中的人物便不再出现。然而，值得注意的是，负面提示词的控制效果有时具有一定的随机性，因此，可能需要多次尝试视频生成以达到预期效果。

4.2.5　创意想象力与创意相关性的区别

在文生视频和图生视频的"参数设置"界面中，用户可以调整创意想象力和相关性的参数。该界面提供了一个从 0 到 1 的滑块，用于平衡创意想象力和内容相关性。当调大数值时，创意想象力增强，生成的视频内容可能会偏离输入的创意描述提示词，展现出更多的创新和抽象元素；而当调小数值时，内容相关性提升，生成的视频内容将更紧密地围绕输入的创意描述进行，确保高度的契合度。

以创意描述"独自在海边漫步的少女，在夕阳的余晖下，她的身影被拉得长长的，沙滩上有她留下的足迹，她自由地漫步，偶尔弯腰拾起贝壳"为例，保持其他参数不变，分别将创意想象力和相关性的数值设置为 1、0 和 0.5，观察生成的视频效果。

当数值设为 1 时，生成的视频效果如图4-9所示。可以看出，此时视频内容呈现出较强的抽象创意性，与

053

原始的创意描述存在一定程度的偏离。例如，"在沙滩上捡贝壳"这一具体情节并未在视频中明确体现，而"夕阳的余晖"这一元素的画面表现也不够理想。

图4-9

当数值设定为 0.5 时，生成的视频效果如图4-10所示。在这个设置下，视频内容既贴近输入的创意描述提示词，又融入了一定的创意性，呈现出中规中矩的特点。值得注意的是，"夕阳的余晖"这一画面元素表现得非常出色，然而，提示词中描述的"女孩捡贝壳"的场景依旧没有在视频中出现。

图4-10

当数值设定为 0 时，生成的视频效果如图4-11所示。在这个参数设置下，生成的视频内容高度符合输入的创意描述提示词。可以清晰地看到女孩弯腰捡贝壳的动作，展现了与提示词描述极为相近的场景。

图4-11

4.2.6 文生视频技巧

文生视频的技巧如下。

- 语言简洁：在创作描述时，应使用简单明了的词句，避免过于复杂的表达。
- 画面简洁：设计视频内容时，力求简洁明了，确保视频能在5~10s内完全展现完毕。
- 营造中国风：若希望视频呈现中国特色，可多使用如"东方意境""中国"或"亚洲"等具有地域特色的词汇。
- 数字处理：目前的大模型对数字的感知能力有限，例如，描述中提及"10只小兔子在森林里"时，生成的视频中小兔子的数量可能与描述不符。
- 分屏技巧：若想展现四季变换，可以在创意描述中加入"4个画面，分别展现春夏秋冬"的提示。
- 物理运动限制：对于复杂的物理运动，如弹跳的球或高空抛物等，目前的生成技术还存在一定困难，可能需要借助额外的运动笔刷功能进行控制。
- 避免使用抽象词汇：在创作描述时，应尽量避免使用过于抽象的词汇，而是选择最直接、简单的表达方式。同时，慎用成语，以免AI难以准确理解提示词内容，从而影响视频生成效果。

例如，"工作室灯光"在摄影领域指的是在摄影棚内使用专业灯具创造的特定照明效果。然而，AI可能会将"工作室灯光"误解为"工作室"和"灯光"两个独立概念，导致生成效果不理想。

再如，百度之前发布的文心一言模型在处理"车水马龙"这一成语时，初期可能未能准确捕捉其意境，如图4-12所示。但随着技术的不断进步，最新的文心一言图像生成器已经能够很好地理解和生成与"车水马龙"相符的图像，如图4-13所示。

图4-12　　　　　　　　　　　　　图4-13

4.2.7　文生视频具体操作方法

文生视频的具体操作方法如下。

01　在可灵首页，点击"AI视频"按钮，即可进入文生视频操作界面。选择可灵1.0大模型，如图4-14所示。

02　在创意描述文本框中输入提示词："画面以圆形的显微镜下进行呈现。从显微镜中圆形画面中看到一位头发发白的老爷爷坐在公园长椅上，双手捧着一张照片，面带思念地看着照片，场景温馨。"设置"创意想象力"值为0.5，将"生成模式"设置为"标准"，"生成时长"设置为5s，"视频比例"设置为16∶9。在"不希望呈现的内容"文本框中输入"畸形，变形"负面提示词，如图4-15所示。

图4-14　　　　　　　　　　　　　图4-15

03 点击"立即生成"按钮,即可快速生成一段5s的视频,生成的视频画面如图4-16所示。

图4-16

4.3 通过图生视频的方式生成视频

除了上文介绍的文生视频功能,可灵还提供了图生视频的功能。用户只需上传图片,无论是迷人的风景、生动的人物还是精致的静物,添加一些关键词或短句来描述图片内容或希望表达的内容,均可轻松生成一段栩栩如生的动态视频。

4.3.1 可灵图生视频的优势

可灵图生视频的优势如下。

- 直观性:图生视频功能允许创作者直接上传任意图片作为创作起点,这种直观的操作方式让创作者能够轻松地从现有视觉素材出发,迅速生成视频内容。
- 个性化与创意性:该功能支持创作者添加提示词来控制图像的运动,从而赋予生成的视频更多的个性化和创意元素。创作者可以根据自己的需求和想象力,为静态图片增添动态效果和特定故事情节,打造出独一无二的视频作品。
- 应用灵活性:图生视频功能的应用场景广泛多样。无论是商家想要展示产品的动态效果,还是个人希望创作有趣的内容,都可以通过图生视频功能轻松达成。同时,该功能还支持多种视频宽高比输出,以满足创作者在不同平台发布视频的需求。
- 卓越的视觉效果:得益于可灵领先的深度学习技术和自研的3D时空联合注意力机制,图生视频功能能够生成流畅且符合物理规律的视频内容。在图像转视频的过程中，可灵能够精确捕捉图像细节，并为其增添生动、自然的动态效果，使生成的视频在视觉呈现上更为出色。

- 便捷的一键续写功能：图生视频模型还提供了视频续写功能，创作者只需简单的一键操作，即可在已生成视频的基础上延续生成约5s的内容。通过连续多次使用续写功能，还可以将视频最长延伸至约3分钟。这种便捷的一键续写功能不仅大大节省了创作时间，还拓展了内容的创作空间，使图生视频成为一种高效便捷的内容创作工具。

4.3.2 可灵图生视频的劣势

可灵图生视频的劣势如下。

- 语义理解偏差：在理解创作者上传的图像和输入的文本描述时，可灵有时会出现偏差，这可能导致生成的视频内容与创作者的预期不一致。例如，当输入"一只大熊猫在开心地吃粽子"时，结果可能会生成熊猫在吃水饺的视频，这表明系统在对关键信息的捕捉上还存在不够精确的问题。

- 细节捕捉能力有待提高：尽管可灵在图生视频领域表现不俗，但当处理包含复杂元素和细节的图像时，它仍可能面临挑战。例如，在将静态图像转化为动态视频的过程中，需要确保图像中的每个细节都能以流畅、自然的方式运动，这对AI的算法和计算能力提出了极高的要求。某些细节，如毛发、纹理或光影的微妙变化，在动态视频中可能难以得到完美再现，从而影响视频的细腻度和逼真感。

- 运动轨迹预测与生成能力有限：图生视频技术需要AI根据静态图像中的信息来预测并生成合理的运动轨迹。这要求系统不仅要深入理解图像内容，还要准确把握运动规律。然而，如果AI的预测能力有限或存在偏差，就可能导致生成的视频在运动表现上显得不自然或逻辑不合理。

- 创意与想象力有限：由于图生视频主要依赖静态图像中的信息来生成视频，因此它在创意和想象力方面可能受到一定的限制。这意味着使用者可能无法完全按照自己的想象来自由生成视频内容。

4.3.3 可灵图生视频操作技巧

在使用图生视频技术时，需要掌握以下关键操作技巧。

- 遵循物理原理：在描述图片的运动画面时，务必遵循物理原理，以确保视频中的运动效果贴近真实世界。例如，物体下落时，其速度应逐渐加快；物体在受到外力推动时，应沿着力的方向移动。

- 挖掘图片中的潜在运动：尝试想象并描绘出图片中可能发生的自然运动。例如，可以描绘树叶在微风中轻轻摇曳的场景，或者展现河水缓缓流淌的画面。

- 避免大幅偏差：如果视频描述的运动与图片内容相差过大，可能会导致视频画面出现不连贯的情况，给观众一种镜头突然切换的感觉。因此，在描述运动时，应尽量保持与图片内容的连贯性。

- 简化复杂运动：目前的技术在呈现某些复杂的物理运动（如球多次弹跳、高空物体精确抛物等）时可能仍存在挑战。因此，建议选择相对简单、易于表现的运动场景进行描述。

此外，还需注意以下几点技术要求。

- 确保所上传图片的短边尺寸不小于300像素，否则可能导致图片上传失败。

- 在图生视频功能下，无法使用全部10种运镜方式，要根据实际情况选择合适的方式。

为了保持创意的清晰与易实现，建议聚焦单一且明确的变化方向。这样不仅可以确保变化过程符合逻辑，还能在视觉上产生新颖且吸引人的效果。

3.3.4 可灵图生视频的具体操作方法

利用图生视频的方式生成视频的具体操作步骤如下。

01 点击首页中的"AI视频"按钮，进入AI视频界面。点击上方"图生视频"按钮，选择"可灵1.0"模型，进入如图4-17所示的界面。

02 点击 按钮，上传图片素材，如图4-18所示。

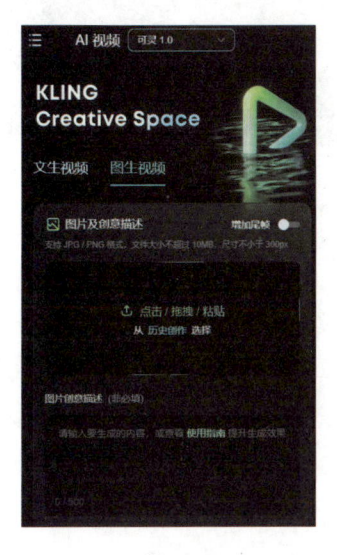

图4-17 　　　　　　　　　　图4-18

03 在"图片创意描述"文本框中输入"孙悟空，咆哮"的提示词，如图4-19所示。

04 设置"创意想象力"值为0.75，"生成模式"为"高品质"，"生成时长"为5s，如图4-20所示。

图4-19 　　　　　　　　　　图4-20

05 点击"立即生成"按钮，即可生成一段时长为5s的视频，如图4-21所示。

图4-21

3.3.5 如何延续现有的成品视频

可灵的图生视频功能非常实用，它能有效地解决成品视频延续的问题。用户只需截取成品视频的最后一帧图片，并将其作为图生视频的上传图像。接下来的操作步骤与前文所介绍的图生视频方法相同：加入描述词并设置相关参数后，即可轻松获得延长后的视频。若需进一步延长视频时长，只需按照前文所述方法，重复上述操作即可。

4.4 通过模型控制视频生成效果

可灵提供了两种方式来控制视频生成效果。第一种方式是通过选择不同的生成模式来控制视频生成效果；第二种方式则是通过选用可灵 1.0 模型或可灵 1.5 模型来控制视频的生成效果。接下来，将分别对这两种方式进行详细介绍。

4.4.1 生成模式下的模型控制

在文生视频和图生视频的"参数设置"界面中，提供了"标准"和"高品质"两种视频生成模式供用户选择。

1. 速度优先的视频生成方式

"标准"模式是一种视频生成速度更快、推理成本更低的选项。它能够在较短时间内完成视频生成，非常适合对时间有较高要求的场景。通过选择"标准"模式，创作者可以快速验证模型效果，满足创意实现的需求。此外，该模式更适用于对画质要求不是特别高的场合，因此在资源消耗上可能相对较少。它能够在短时间内完成视频生成任务，从而减少对计算资源的需求，进而降低用户的成本。

需要注意的是，在"标准"模式下生成一段 5s 的视频，将会消耗 10 灵感值。接下来，将通过具体案例来展示"标准"模式下视频生成的效果。本案例采用可灵1.0模型下的图生视频功能进行演示，输入的创意描述词为"戒指缓慢旋转，镶边闪闪发光"。

上传的图片如图4-22所示，在"标准"模式下生成的效果如图4-23所示。

图4-22　　　　　　　　　　　　　　　图4-23

2. 细节质量优先的视频生成方式

"高品质"模式是一种能够产生更丰富细节、更高画质的视频模型，但相应地，其推理成本也更高。此模式下生成的视频在画质和整体效果上都表现得更为出色。在某些情况下，生成的视频质量甚至可以超越原图。

"高品质"模式在细节处理、色彩还原以及动态效果等方面都有显著提升，使生成的视频更加逼真和生动。然而，由于追求卓越的画质和效果，"高品质"模式在视频生成过程中可能需要消耗更多的计算资源，这也意味着用户需要承担更多的费用。

鉴于其较高的资源消耗和对画质的严格要求，在"高品质"模式下生成5s的视频将会消耗35灵感值。

接下来，将通过具体案例来展示"高品质"模式下视频生成的效果。本案例采用可灵1.0模型下的图生视频功能，并使用了与"标准"模式下相同的上传图片和创意描述词，生成的效果如图4-24所示。

图4-24

4.4.2 可灵大模型下的模型控制

如前文所述，可灵大模型包含可灵 1.0 和可灵 1.5 两种模型，以下将详细介绍这两者的区别。

1. 视频清晰度和画质

- 可灵1.0模型：在高品质模式下，该模型只能生成720p的视频。
- 可灵1.5模型：支持高品质模式下生成1080p高清视频，显著提升了视频的清晰度和质感，更好地满足了创作者对高质量视频的需求。

2. 动态表现和运动幅度

- 可灵1.0模型：在动态表现方面，1.0模型的动作流畅度和运动幅度受到一定限制，有时会出现运动幅度较小、流畅性不足的问题。
- 可灵1.5模型：将动态质量提升至新的水平。它能够生成运动幅度更大、动作更为合理的视频，同时保持一致性，使视频中的角色动作更为自然和流畅。

3. 文本响应度和复杂场景处理

- 可灵1.0模型：在处理复杂文本描述和场景生成时，1.0模型的能力相对有限，有时难以准确捕捉和表现复杂的镜头语言。
- 可灵1.5模型：显著提高了文本响应度，能够更好地理解和响应复杂的文本描述要求。

4. 生成视频消耗的灵感值

- 可灵1.0模型：此模型支持"标准"和"高品质"两种生成模式。在"标准"模式下生成视频需消耗10灵感值，而在"高品质"模式下则需消耗35灵感值，用户可根据个人需求自由选择。
- 可灵1.5模型：此模型仅支持"高品质"生成模式，每次消耗35灵感值。

5. 生成效果

由于可灵 1.5 模型不支持"标准"生成模式，为了对比两者的视频效果，将在文生视频功能下，分别使用可灵 1.0 模型和可灵 1.5 模型的"高品质"生成模式进行测试。测试文本提示词为"一只白猫驾驶汽车，穿过繁忙的市区街道，背景是高楼和行人"。通过实际生成的视频效果，可以更直观地观察两个模型在视频清晰度、动态表现及文本响应度等方面的差异。

- 可灵1.0模型：可灵1.0模型下生成的视频画面不是很丰富，而且车辆视觉效果呈现得不好，如图4-25所示。

图4-25

图4-25（续）

- 可灵1.5模型：从视频画面中可以看出，整体车辆已经显现出来，并且白猫的动作比较丰富和流畅，如图4-26所示。

图4-26

4.4.3 生成长视频及无限长视频

1. 生成长视频的方法

如前文所述，通过图生视频功能可以实现成品视频的延长。本小节将详细阐述如何利用可灵内置的视频延长功能来生成长视频。无论是通过文本生成视频还是通过图像生成视频，可灵通常只能产生5~10s的视频片段。这对于希望创作更丰富内容的视频制作者来说，可能显得时间太短，无法充分展现其创作意图。然而，我们可以通过延长这些生成的视频来创作出更长时间的作品。

在使用可灵生成长视频时，有几点需要注意。

- 可灵生成的长视频最大时长限制为3分钟。
- 在延长视频的过程中，不支持使用高表现生成模式。
- 延长视频时，不能使用10种运镜方式。

关于视频延长的方式，可灵提供了"自动延长"和"自定义延长"两种选择。

- 自动延长：允许AI随机对视频进行延长。
- 自定义创意延长：要求用户手动输入相关提示词，AI会根据这些提示词来延长视频。

这两种延长方式每次都可以将视频延长大约5s。每次延长视频时，系统都会以前一个视频的尾帧画面作为新视频的起始点，整个生成过程遵循图生视频的原则，具体的操作步骤如下。

01 进入图生视频编辑界面，选择"可灵1.0"模型。点击 按钮，上传图片素材，上传后的界面如图4-27所示。

02 在"图片创意描述"文本框中，输入"拿着相机正在讲话"提示词，设置"创意想象力"值为0.5，"生成模式"为"标准"，"生成时长"为5s，如图4-28所示。

图4-27 图4-28

03 点击"立即生成"按钮，即可得到一段5s的视频，如图4-29所示。此时，视频中的人正在拿着相机，不停地讲话。

图4-29

04 点击视频下方的"延长5s"按钮,会出现"自动延长"和"自定义创意延长"两个选项,如图4-30所示。

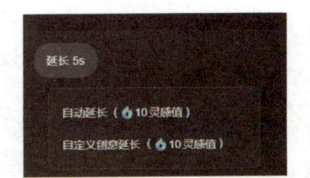

图4-30

05 点击"自动延长"按钮,即可生成一段9s的延长视频,如图4-31所示。需要注意的是,自动延长生成的视频变化幅度不会特别大。从视频画面中可以看出,相较于第一次生成的视频,整个画面变化不是很大,依旧是照片中的人不停地在讲话。

图4-31

06 在生成的延长视频基础上,点击"自定义创意延长"按钮,在提示词文本框中输入"转头向右侧观看"的提示词,如图4-32所示。

图4-32

07 点击"生成延长视频"按钮,即可根据提示词生成一段14s左右的视频,如图4-33所示。在这一段视频中,拿着相机的人缓慢地往右转头观看。

065

图4-33

08 继续通过"自定义创意延长"方式生成提示词为"拿着相机左右来回摇头"的18s的延长视频,如图4-34所示。在这段视频中,拿着相机的人左右轻微来回摆头并不断讲话。

图4-34

4.4.4 生成无限时长视频的方法

尽管前文提及生成长视频的时间有所限制,但实际上,我们可以采用一种迂回策略来突破这一限制,从而在理论上实现无限时长视频的生成。具体方法如下。

01 截取上一段视频的最后一帧画面;

02 利用图生视频技术,以该画面为基础生成新的视频片段;

03 当视频无法继续延长时,再次截取当前视频的最后一帧,并重复上述操作;

04 通过后期软件将这些视频片段合并,即可在理论上获得无限时长的视频。

4.5 运用运动笔刷功能

运动笔刷功能在图生视频生成过程中发挥着重要作用，它允许用户为图片中的元素（如人物或物体等）指定精确的运动轨迹，并且还提供了额外指定静止区域的功能，从而显著增强了画面生成的可控性。举例来说，在一张包含帆船和湖面的图片中，用户可以借助运动笔刷功能选择帆船主体使其向左移动，同时设定湖面向右移动，通过这样的操作，能够生成一段极为逼真的帆船航行视频。但请注意，此功能目前最多支持对图片中的6个元素进行操控，并且仅限于在可灵1.0模型中使用。在上传图片后，利用该功能生成的视频时长最长可达5s。具体的操作步骤如下。

01 进入可灵图生视频界面，选择"可灵1.0"模型，点击"上传图片"按钮。此处上传的图片如图4-35所示。在"图片创意描述"文本框中输入相关提示词，若想要将图片生成3D效果，就输入"3D动态效果"，如图4-36所示。

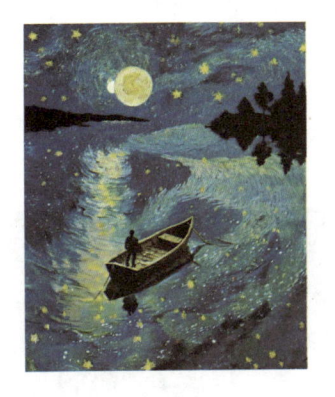

图4-35 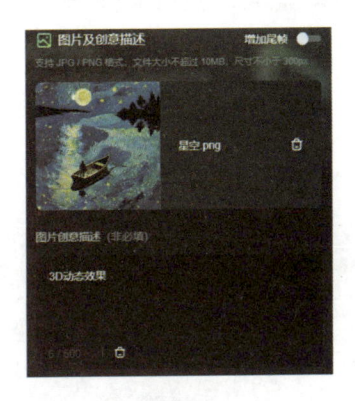　　　　　　　　　　图4-36

02 点击"运动笔刷"下方的"去绘制"按钮，进入如图4-37所示的界面。

03 点击 按钮，选择笔刷大小，选中"自动检测区域"复选框，然后点击图片的主体以绘制运动的区域，绿色区域为已经选中的运动区域，如图4-38所示。

图4-37 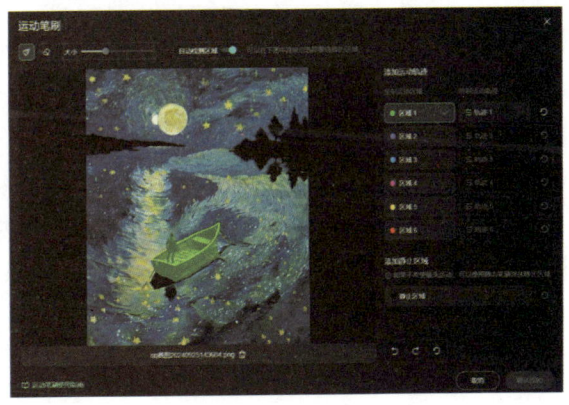　　　　　　　　　　图4-38

04 点击右侧的"轨迹1"按钮，此时图片中会出现一个小画笔图标。接下来，绘制选中区域的运动轨迹，如图4-39所示。

05 除了自动检测区域,也可以自定义绘制运动区域。取消选中"自动检测区域"复选框,点击"轨迹2"按钮,在图片中绘制运动区域,紫色区域为自定义绘制的运动区域,如图4-40所示。

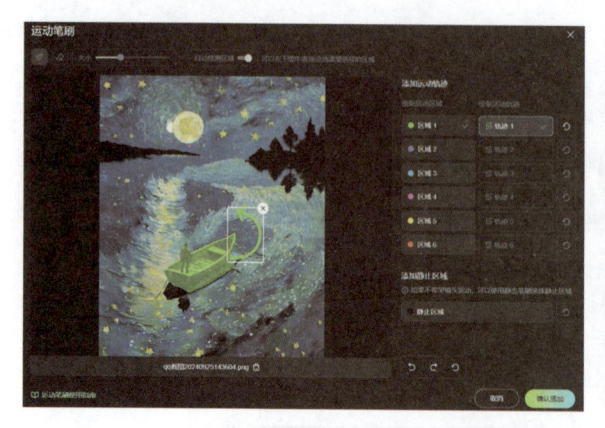

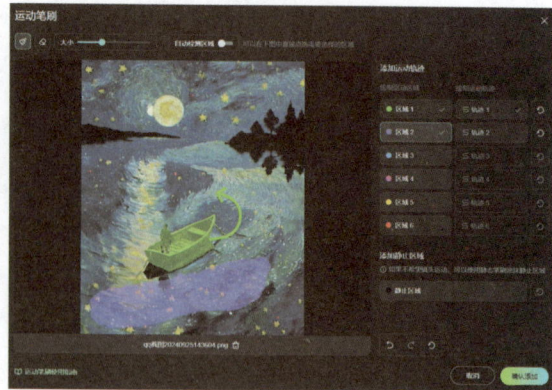

图4-39　　　　　　　　　　　　　　图4-40

06 点击右侧的"轨迹2"按钮,绘制选中区域的运动轨迹,如图4-41所示。

07 根据以上方法,绘制出其他运动区域和运动轨迹,如图4-42所示。

图4-41　　　　　　　　　　　　　　图4-42

08 点击右下方的"确认添加"按钮,即可完成运动笔刷的设置。接着,设置"创意想象力"值为0.5,并将"生成模式"设置为"高品质",如图4-43所示。

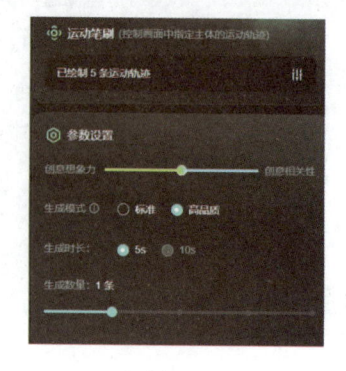

图4-43

09 点击"立即生成"按钮,即可生成一段5s的3D效果视频,如图4-44所示。

图4-44

利用运动笔刷功能所生成的其他效果，展示如下。

- 效果1：上传的图片及填写的提示词如图4-45所示，相应的运动区域与运动轨迹，如图4-46所示，生成的效果如图4-47所示。

图4-45

图4-46

图4-47

- 效果2：上传的图片和填写的提示词如图4-48所示，相关运动区域和运动轨迹如图4-49所示，所生成的效果如图4-50所示。

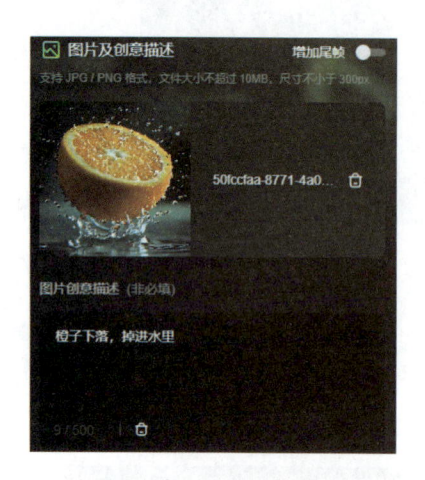

图4-48　　　　　　　　　　图4-49

图4-50

图4-50（续）

- 效果3：上传的图片和填写的提示词如图4-51所示，相关运动区域和运动轨迹如图4-52所示，所生成的效果如图4-53所示。

图4-51

图4-52

图4-53

4.6 运用首尾帧功能

可灵能够通过首尾帧功能，实现对视频生成效果的精准控制，极大提升了视频编辑的灵活性和效率。通过设定首尾帧图片，用户可以明确标记视频的起始和结束画面，确保视频内容的流畅性和完整性。但需要注意，所上传的首帧和尾帧图片应保持风格相似，以避免视频前后内容出现割裂感。以下是利用首尾帧精准控制视频效果的4种方式。

- 首尾帧图片的主体和背景均不相同。
- 首尾帧图片背景保持一致，而主体发生变化。
- 首尾帧图片主体保持不变，背景发生变化。
- 人物面部及动作的过渡效果。

接下来，将逐一详解这4种首尾帧方式的具体应用方法。

4.6.1 生成主体背景平滑切换的视频

这种模式非常适合生成气势恢弘的全景大场面变化，例如展现风景及人物的全景效果。选择图片时需要注意，应尽量挑选两张主体相同且风格近似的图片。这样，模型在5s内能够更容易地实现流畅衔接。若两张图片差异过大，生成的视频可能会呈现明显的拼凑感。具体的操作步骤如下。

01 进入图生视频编辑界面，选择"可灵1.0"模型，点击 按钮，上传首帧图片，如图4-54所示。

图4-54

02 选中"增加尾帧"复选框，如图4-55所示。点击 按钮，上传尾帧图片，如图4-56所示。

第 4 章 掌握可灵视频平台基本使用方法

图4-55    图4-56

03 首尾帧图片都上传完成后，界面如图4-57所示。在"图片创意描述"文本框中，输入"汉服古装女孩"，将"创意想象力"值设置为0.5，"生成模式"设置为"标准"，"生成时长"设置为5s，如图4-58所示。

图4-57    图4-58

04 点击"立即生成"按钮，即可生成一段5s的视频，如图4-59所示。

073

图4-59

从视频画面中可以清楚地看到整个视频画面的主题是相似的。镜头的变化过渡比较平滑，展现了场景自然而然的变化过程。

4.6.2 生成背景不动主体丝滑过渡的视频

在生成背景静止而主体实现丝滑过渡的视频时，上传图片素材时需要特别注意，首尾帧中的主体变化应控制在小范围内。若主体之间存在一定的相关性，将会呈现出更好的视频效果。反之，如果主体变化过大或缺乏相关性，则可能导致视频过度生硬，影响视频的流畅度和观感，具体的操作步骤如下。

01 进入图生视频编辑界面后，点击 按钮，首先上传首帧图片，如图4-60所示。接着，再上传尾帧图片，如图4-61所示。通过观察可以发现，上传的这两张图片中的主体机器人具有较高的相似度。

图4-60　　　　　图4-61

02 在"图片创意描述"文本框中输入"机器人变身，活动身体"，如图4-62所示。"创意想象力"值设置为0.7，"生成模式"设置为"标准"，"生成时长"设置为5s，具体参数设置如图4-63所示。

03 点击"立即生成"按钮，即可生成一段5s的视频。视频部分画面如图4-64所示，可以看出，视频中画面过渡十分流畅，机器人自然地完成了变身过程。

换言之，在背景保持不变而主体发生变化的情况下，可灵会依据所提供的提示词，努力探寻两个图像主体之间合乎逻辑的关系。然后，根据这种关系来生成视频。然而，倘若两个主体之间的关系难以确定或者超出了常规范畴，那么可灵便难以生成出令人满意的视频效果。

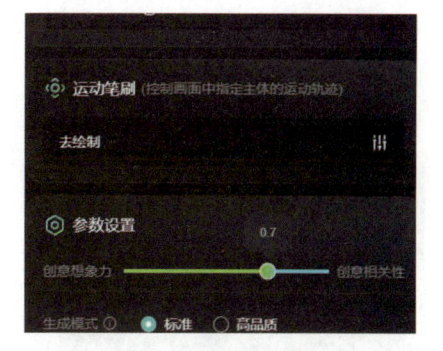

图4-62　　　　　　　　　　　图4-63

图4-64

4.6.3　生成主体不动背景平滑变换的视频

这种模式非常适合用于生成主体明确且场景有变化的视频，例如展示一个人在不同背景下的情景。但需要注意，首尾帧上传的图片中，主体必须清晰明确，且周围背景不宜过于复杂。否则，可能会导致视频生成效果不佳，出现画面模糊等问题。具体的操作步骤如下。

01　进入图生视频编辑界面，选择"可灵1.0"模型。点击 按钮，上传首帧图片，如图4-65所示。接着再上传尾帧图片，如图4-66所示。

图4-65　　　　　　　　　　　图4-66

02 在"图片创意描述"文本框中,输入"女孩,走动",如图4-67所示。接着,将"创意想象力"值设置为0.5,"生成模式"设置为"标准","生成时长"设置为5s,如图4-68所示。

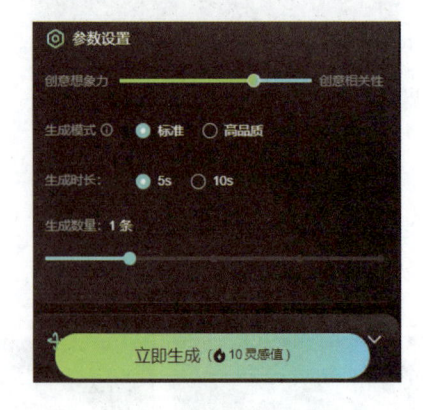

图4-67　　　　　　　　　　图4-68

03 点击"立即生成"按钮,即可生成一段5s的视频,如图4-69所示。

图4-69

可以看出,视频画面中人物是中心焦点。随着人物的走动,镜头也相应移动,背景则随着镜头的变换而发生变化。换言之,在主体保持不变而背景发生改变的情况下,可灵会依据提示词努力从首帧背景平滑过渡到尾帧背景。因此,若两个背景之间相似度较高且具备连续性,那么过渡将会比较自然流畅;反之,如果两者差异过大,则可能难以生成出令人满意的视频效果。

4.6.4　生成面部及动作变化视频

首尾帧技术能够精准地控制视频中人物的面部表情或动作。通过上传展现人物不同面部表情、动作状态的图片,包括但不仅限于各种表情、动作以及不同年龄段的容貌图片,我们可以迅速生成展现人物面部和动作变化的视频。具体的操作步骤如下。

01 进入图生视频编辑界面,选择"可灵1.0"模型。点击 按钮,上传首帧图片素材,如图4-70所示。接着再上传尾帧图片，如图4-71所示。

图4-70 　　　　　　　　　　　图4-71

02 在"图片创意描述"文本框中，输入"女孩开心地大笑"，如图4-72所示。设置"创意想象力"值为0.75，"生成模式"设置为"标准"，"生成时长"设置为5s，如图4-73所示。

图4-72 　　　　　　　　　　　图4-73

03 点击"立即生成"按钮，即可生成一段5s的视频，如图4-74所示，我们可以清楚地看到，视频中女生的表情是逐渐变为大笑的。

图4-74

4.7 了解10种运镜方式

4.7.1 什么是运镜

运镜,也被称为"摄像机运动",是视频拍摄中的一项核心技术。它通过赋予画面生命力,使视频更加生动鲜活。拍摄者通过精心设计移动拍摄设备的路径,实现动态十足、变化丰富的视频画面节奏。出色的运镜技术不仅能显著提升叙事的层次感和深度,还能深刻表达情感,并巧妙地引导观众的视线,让观众仿佛身临其境,成为故事的亲历者。因此,对于每一位视频拍摄者来说,精研并掌握运镜技术无疑是必备的基本功。

4.7.2 常见运镜的类型

最基本的运镜手法包括推、拉、摇、移等几种。以推镜头为例,当摄像机逐渐靠近被摄主体时,画面的景深会随之减小,背景被逐渐压缩并变得模糊,而被摄主体则会逐渐放大,最终占据画面的主导地位。这种手法能够有效地突出被摄主体,吸引观众的注意力,营造出紧张、聚焦或探索的氛围,从而将观众的视线聚焦到某一重要细节或情节上。例如,图4-75就展示了一个通过推镜头来强调居中讲解的女孩的效果。

图4-75

相应地,拉镜头是摄像机逐渐远离被摄主体的一个过程。随着摄像机与被摄主体之间距离的增加,画面逐渐展现出更为广阔的背景,而被摄主体则逐渐缩小,最终融入周围环境之中。拉镜头常被用于呈现宏大的场景,或者展示人物与其所处环境之间的关系,同时也能营造出一种开阔、深远或回忆的氛围。其主要目的在于呈现全景,丰富画面的信息量,并引导观众从关注细节转向把握整体,体验从局部到全局的视觉转换。例如,图4-76就生动地展示了女孩与其背后环境之间的关系。

图4-76

摇镜头，是指摄像机在固定位置进行水平或垂直方向的旋转拍摄，从而使画面中的主体或背景产生相应方向的移动。这种运镜手法常被用于展示宽广的场景、追踪移动中的主体，或者引导观众的视线从一个对象平滑转移至另一个对象。摇镜头能够显著增强画面的动态感受，引领观众的视线跟随特定的方向或路径移动，同时充分展现场景的广阔视野与复杂细节。例如，图4-77便精彩地呈现了山体广袤而复杂的壮丽景象。

图4-77

移镜头是指在拍摄过程中，摄影机在一个水平面上进行左右或上下的移动拍摄（若在纵深方向移动，则归为推/拉镜头）。在拍摄时，摄影机可能被安装在移动轨上，或者配有滑轮的脚架上，也有可能被安装在升降机上进行滑动拍摄。由于移镜头拍摄时机位是不断移动的，因此画面会呈现出一种流动感，这种感觉能够让观众仿佛身临其境，置身于画面之中，从而增强视频画面的艺术感染力，如图4-78所示。

图4-78

若在前期的拍摄环节未能充分运用这些运镜技巧，也无须过于忧虑。在视频后期制作阶段，我们可以借助软件的强大功能来进行模拟操作。例如，通过放大或缩小图片，并结合恰当的动画效果，便能模拟出推镜头与拉镜头的视觉效果。尽管这种方式可能难以完全再现实际拍摄过程中的运动感与细节变化，但在诸多场合下，它依然是一种行之有效的补救措施，能够让视频作品增添生动气息和丰富表现力。

4.7.3　可灵运镜的特点

目前，可灵运镜功能仅限于在"可灵 1.0"模型下的文生视频功能中使用。可灵在运镜方面展现了多个显著特点，主要体现在镜头运动的多样性、自动化程度以及生成的视觉效果上。以下是对可灵运镜特性的简要概述。

1. 多样化的镜头运动控制

- 预设镜头运动方式：可灵预设了多套经典的镜头控制方式，涵盖旋转运镜、垂直摇镜、水平摇镜以及推进/拉远。这些预设方式为用户提供了丰富的选择，可以根据不同创作需求选取合适的镜头运动。

- 自定义参数调节：用户不仅可选择预设运镜方式，还能调节这些方式的参数，从而控制运动的剧烈或平缓程度，甚至实现反向运动。此功能极大提升了创作的灵活性和个性化空间。

2. 自动大师运镜

- 自动大师运镜功能：可灵提供4种自动大师级运镜功能，助力用户生成更具电影感的视频内容。通过此功能，用户无须烦琐的手动调整，即可获得专业级的视觉呈现效果。
- 视频吸引力增强：借助自动大师运镜，用户能轻松创作出更具吸引力和观赏价值的视频内容，满足用户对高质量视频制作的需求。

3. 大幅度且合理的运动生成能力

可灵通过复杂时空运动的建模，能生成大幅且符合运动规律的动作。在运镜中，此能力使镜头运动更显自然、流畅，为用户提供更加逼真的视觉体验。

4. 高画质表现

可灵升级后推出高画质版，视频画质显著提升。在运镜中，高画质使细节展现和光影效果更为出众，进一步提升了视频的观赏品质和整体感受。

5. 适用于多种场景

可灵的运镜功能适用于多种视频创作场景，无论是展现自然风光、人物特写还是动作场面，都能通过精妙的镜头运动来增强视频的表现力和感染力。这种广泛的适用性使可灵成为视频创作者们的优选工具。

4.7.4 制作出6种不同运镜效果的AI视频

下面详细讲解并展示 6 种运镜方式的创意描述词及其相关效果。

1. 水平运镜

水平运镜指的是摄像机位置固定不变，而镜头角度在水平方向上左右摆动。这种运镜方式类似人转动脖子环顾四周的动作。水平运镜的应用场景相当广泛，它主要用于全面展示整个场景环境，例如风景、居室等，或者用于向观众明确展示场景中人物或物体的位置关系。可灵视频中的水平运镜及其运镜数值变化示意如图4-79所示。

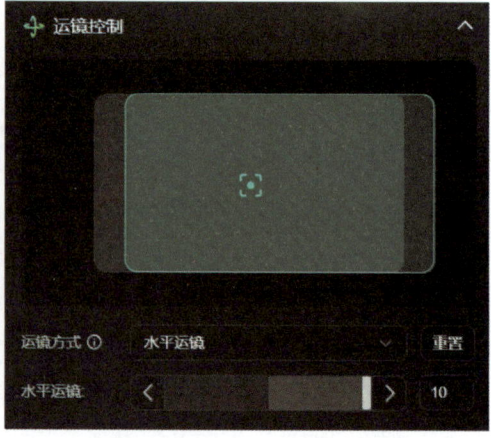

图4-79

水平运镜创意描述提示词为:"镜头缓缓地从狗狗的左侧平移至右侧"。在"水平运镜"值设置为10的情况下,生成的效果如图4-80所示。可以清晰地观察到,镜头是从狗狗的左侧开始,水平地摆动到右侧的位置。

图4-80

2. 垂直运镜

垂直运镜主要是指摄像机在垂直方向上进行上下俯仰的运动拍摄方式。这种运镜手法常用于调整画面的视角和高度,从而营造出特定的视觉效果和传达相应的情感。可灵中的垂直运镜及其运镜数值变化示意如图4-81所示。

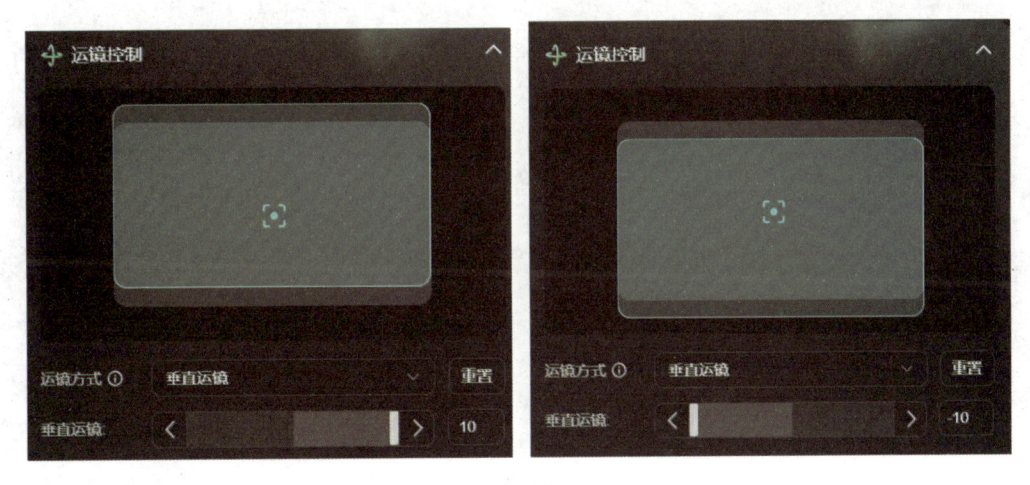

图4-81

垂直运镜创意描述提示词为:"镜头垂直攀升,从茂密的森林树冠直至蔚蓝的天空,展现自然的壮丽。"当"垂直运镜"值设置为10时,生成的效果如图4-82所示。可以看到视频是从森林树枝一直向上垂直推移到天空角度的画面。

图4-82

3. 拉远/推进

拉远镜头，也被称作"拉镜头"或"远景镜头"，是指摄像机在拍摄过程中逐渐远离被摄对象，从而使被摄对象在画面中的占比逐渐减小的拍摄手法。相对地，推进镜头，也被称为"推镜头"，是指摄像机逐渐靠近被摄对象，使被摄对象在画面中的比例逐渐增大的拍摄方式。这两种运镜手法是电影拍摄中常用的镜头运动技巧，它们通过调整摄像机与被摄对象之间的距离或改变焦距，来达到不同的视觉效果和叙事需求。可灵中的拉远／推进镜头及其运镜数值变化示意如图4-83所示。

图4-83

拉远／推进运镜创意描述提示词为："镜头缓缓拉远，逐渐聚焦至大海中的一艘游轮。"当"拉远／推进"值设置为-10时，生成的效果如图4-84所示。从视频画面中，我们可以清晰地观察到，镜头起初聚焦在游轮上，随着逐渐拉远，游轮在画面中变得越来越小。

图4-84

4. 垂直摇镜

垂直摇镜，也称作"竖摇镜头"或"直摇镜头"，是摄影与摄像技术中的一种镜头运动形式。具体来说，它是指在拍摄时，镜头跟随画面中的物体沿垂直方向（即上下方向）移动，最终可能会摇移至平视的角度。这种垂直方向的移动能够产生强烈的视觉冲击力，尤其在展现高大、雄伟的景物时效果尤为显著。可灵中的垂直摇镜及其运镜数值变化示意如图4-85所示。

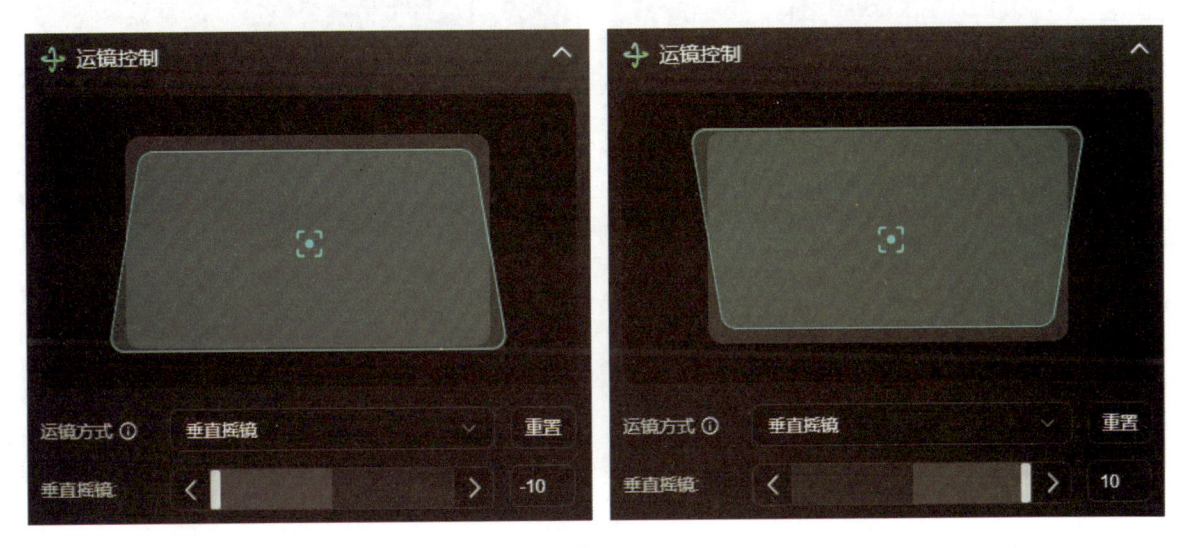

图4-85

垂直摇镜创意描述提示词为："镜头缓缓上摇，一座巍峨的山脉逐渐显露出其雄伟的全貌。"当"垂直摇镜"值设置为10时，生成的效果如图4-86所示。从视频画面中，我们可以清晰地看到镜头向上摇动的过程，进而展现了山脉的壮阔与高耸。

图4-86

5. 水平摇镜

水平摇镜指的是在拍摄过程中,摄像机位置保持不变,通过摄像机本身在水平方向上的左右移动来拍摄画面。这种拍摄方式能够模拟人们转动头部或视线在水平方向上从一点移向另一点的视觉效果。可灵中的水平摇镜及其运镜数值变化示意如图4-87所示。

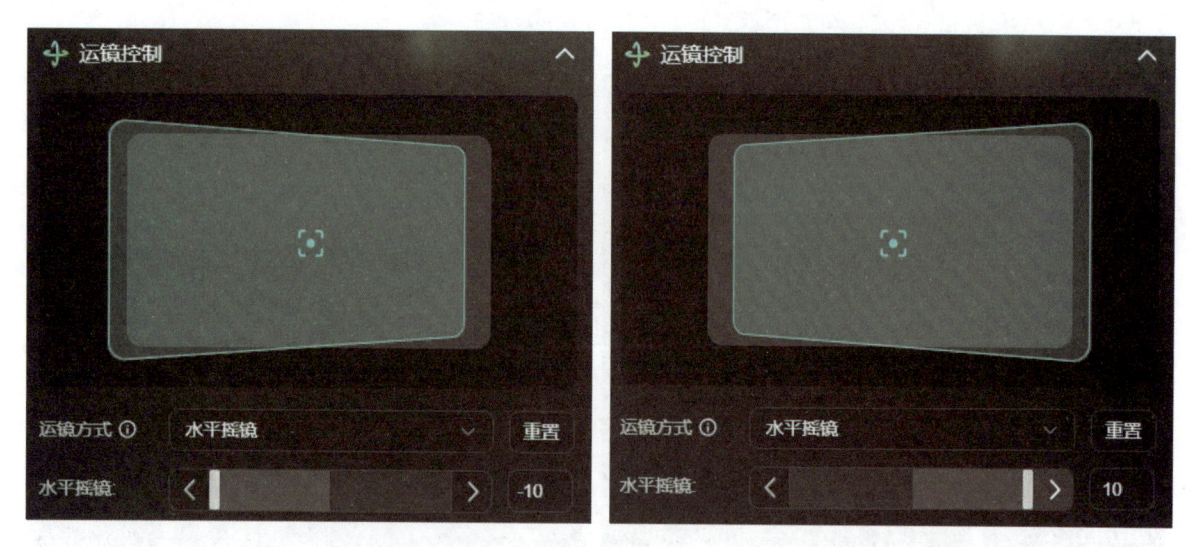

图4-87

水平摇镜创意描述提示词为:"镜头自左向右缓缓摇动,画面从广袤的海洋平滑过渡到沙滩岸边,背景中蓝天白云映衬着美景。"当"水平摇镜"值设置为10时,生成的效果如图4-88所示。从视频画面中,我们可以清晰地看到镜头从左向右进行水平摇动,画面逐渐从浩瀚的海洋移向岸边,展现出一幅迷人的海滨风光。

图4-88

6. 旋转运镜

旋转运镜，也称"环绕运镜"，是指拍摄者通过手持摄像机或借助稳定器等辅助设备，围绕被摄主体进行旋转式拍摄。这种拍摄手法能够营造出别具一格的视觉效果，显著提升画面的动态感和立体感。可灵中的旋转运镜及其运镜数值变化示意如图4-89所示。

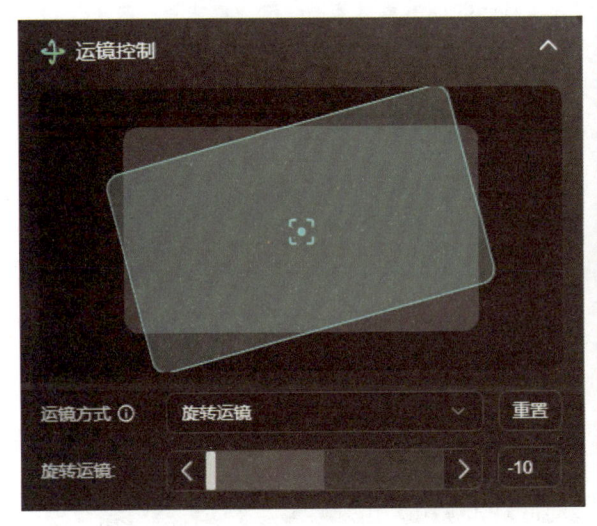

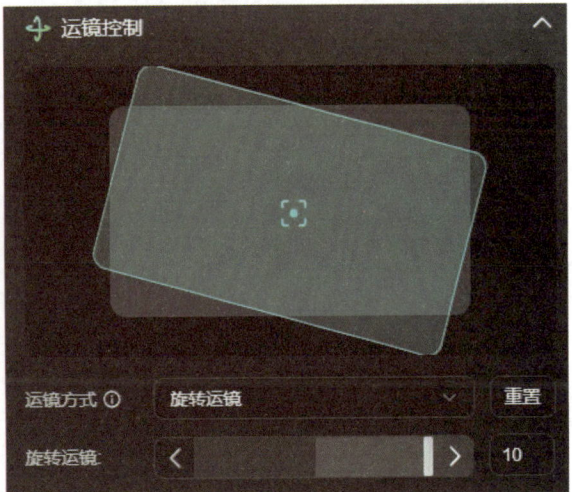

图4-89

旋转运镜创意描述提示词为："采用旋转运镜，围绕一只可爱的兔子进行360°的环绕拍摄。"当"旋转运镜"值设置为10时，生成的效果如图4-90所示。从视频画面中，我们可以清晰地看到镜头正逐渐围绕着兔子向右下方倾斜并进行旋转拍摄，这种独特的运镜方式为观众带来了全新的视觉体验。

图4-90

4.7.5 制作4种大师运镜效果的AI视频

1. 大师运镜：下移拉远

"下移拉远"是一种复合运镜技巧，它融合了摄像机在垂直方向上的下移运动和镜头的拉远动作。这种技巧在视频制作中能够创造出别具一格的视觉效果，不仅增强了画面的动态感，还增强了叙事能力。可灵中的下移拉远运镜示意如图4-91所示。

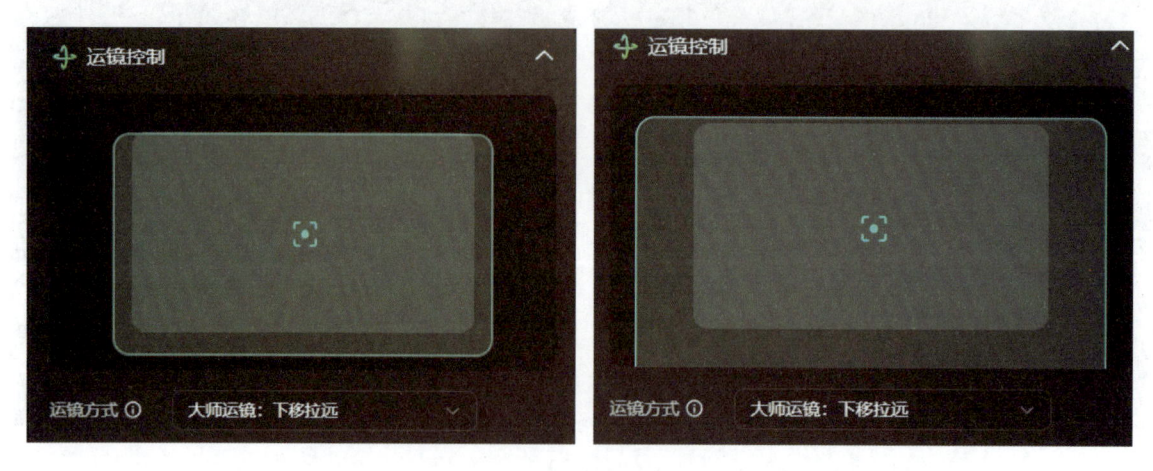

图4-91

大师运镜中的下移拉远创意描述提示词为："在无垠的荒漠之中，一只骆驼孤独地跋涉，沙丘连绵起伏，尽显苍凉而壮丽的美感。通过下移拉远的运镜手法，我们得以深入感受这片荒漠的广袤与孤寂。"生成的效果如图4-92所示，从视频画面中，我们可以清晰地看到，镜头首先缓缓下移，聚焦行走在沙丘上的骆驼，随后镜头逐渐拉远，骆驼在画面中慢慢变小，直至消失，令人感受到荒漠的无垠与生命的坚韧。

图4-92

2. 大师运镜：推进上移

"推进上移"这一运镜手法，在视频拍摄领域，巧妙地融合了"推进"（也称"前推"）与"上移"（也称"升镜头"）两种基础运镜技巧。这种综合应用，不仅能够在视觉上突出主体，还能同时展现其周边的环境或背景，从而丰富画面的信息量，并增强视觉的层次感。这种运镜手法在视频拍摄的多个场合中均有广泛应用，如开场、转场等，或者需要特别强调主体与环境关系的场景。可灵中的"推进上移"示意如图4-93所示。

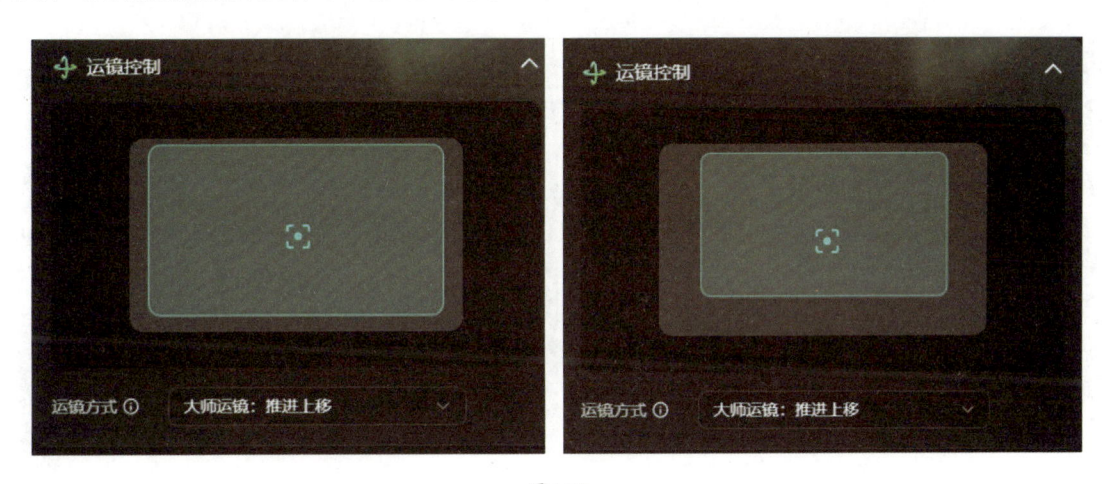

图4-93

大师运镜中的"推进上移"创意描述提示词为："在无边的荒漠中，一只骆驼孤独地行走，沙丘连绵起伏，彰显出苍凉而深邃的美感。通过推进上移的运镜手法，我们能够更加深入地体验这片荒漠的宏伟与神秘。"生成的效果如图4-94所示。从视频画面中，我们可以清楚地看到，镜头首先缓缓向前推进，画面中的骆驼逐渐变大，细节愈发清晰；随后，镜头慢慢上移，将观众的视线带向辽阔的天空与远方的地平线，使整个画面充满了层次感与动态美。这种运镜手法不仅突出了骆驼这一主体，还巧妙地展现了荒漠的广袤与自然的壮美。

087

图4-94

3. 大师运镜：右旋推进

"右旋推进"是一种特殊的拍摄技巧，在拍摄过程中，镜头在水平方向上向右旋转的同时，逐渐靠近被摄体。这种运镜方式融合了旋转和推进两种动作，形成了一种独特的视觉流动感，使画面更加生动且富有变化。通过这种技巧，能够有效地引导观众的视线，突出展现被摄体的细节和特征，增强画面的吸引力和表现力。可灵中的"右旋推进"示意如图4-95所示。

图4-95

大师运镜中的"右旋推进"创意描述提示词为："在无垠的荒漠之中，一只骆驼正孤独地跋涉。沙丘连绵起伏，勾勒出一幅苍凉而壮美的画卷。通过右旋推进的运镜手法，我们得以深入领略这片荒漠的广袤与神秘。"生成的效果如图4-96所示。从视频画面中，我们可以清晰地看到，镜头首先围绕着骆驼向右旋转，将观众带入一个旋转的视觉世界；随后，镜头缓缓向骆驼推进，画面中的骆驼逐渐变大，细节更加清晰可见。这种运镜手法不仅展现了荒漠的辽阔与骆驼的坚韧，更通过独特的视觉表现，为观众带来了一场视觉盛宴。

图4-96

4. 大师运镜：左旋推进

"左旋推进"与前文所提及的"右旋推进"手法颇为相似，不同之处在于，在拍摄过程中，镜头是在保持水平方向上向左旋转的同时，逐渐靠近被摄体。这种运镜方式同样能创造出独特的视觉动感，引导观众的视觉焦点，并突出展现被摄对象的细节特征。可灵中的"左旋推进"示意图如图4-97所示。

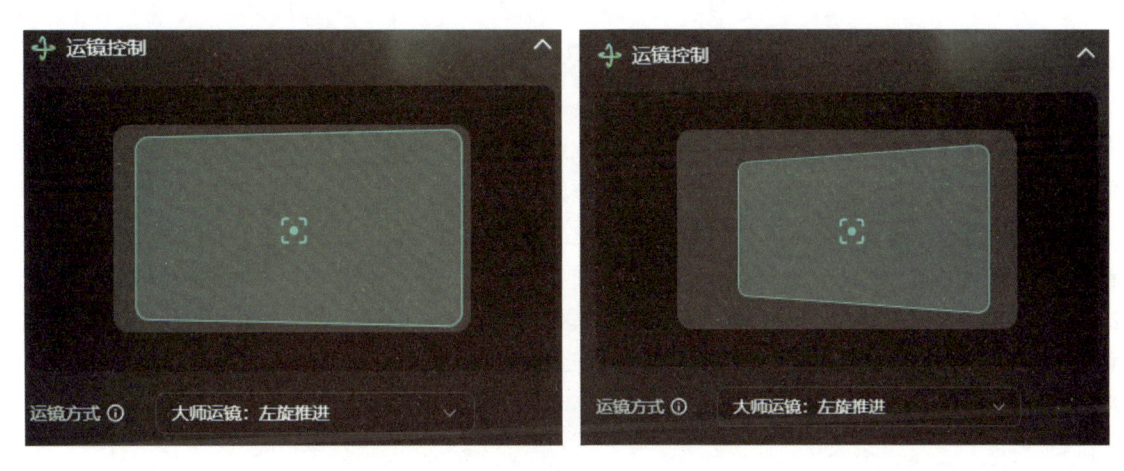

图4-97

大师运镜中的"左旋推进"创意描述为："在无垠的荒漠中，一只骆驼孤独地行走，沙丘连绵起伏，构成了一幅苍凉而壮美的画面。通过左旋推进的运镜手法，我们深刻感受到了这片荒漠的广袤与神秘。"生成的效果如图4-98所示。从视频画面中，我们可以清晰地看到，镜头首先围绕着骆驼向左旋转，仿佛带着观众在荒漠中旋转探索；随后，镜头缓缓向骆驼推进，骆驼在画面中逐渐变大，其坚韧的身影和细节愈发清晰可见。这种运镜手法不仅突出了骆驼这一主体，更将观众带入了荒漠的壮阔与自然的神奇之中。

图4-98

在生成以上10种运镜视频的过程中,笔者发现并非所有场景都能充分展现出运镜的效果。因此,可能需要进行多次尝试以获得最佳表现。若尝试多次后效果仍不理想,建议使用高表现模式进行进一步的尝试。

4.8 在文生视频时控制视角及景别

文生视频技术能够生成多样化的水平视角、垂直视角及不同景别的视频。在影视制作、摄影艺术乃至日常视觉表达领域,这些视角和景别的综合运用对于塑造丰富的画面语言、传递深层的情感与意义具有不可或缺的作用。它们共同构建了一个立体且多层次的视觉叙事框架,其中,视角的灵活切换能够展现同一场景的不同面貌和深度,而景别的精细调整则能够掌控信息传达的节奏和焦点。这使观众能够更深入地体验和理解作品所展现的故事内核或主题意蕴,从而影响观众对画面的整体感知和情感共鸣,更有效地引导观众视线,把控叙事张力,并增强情感的传递力度。在使用可灵文生视频功能进行视频生成时,可以借助以下关键词来精准控制所需的视角和镜头效果。

4.8.1 水平视角

水平视角主要指在拍摄过程中,相机镜头与被摄对象在水平方向上所形成的相对位置关系。它可以进一步细分为正面视角、侧面视角和背面视角。接下来,将逐一介绍这三种不同的视角。

1. 正面视角

创意描述提示词为:"在清晨的阳光下,从正面捕捉一个小女孩背着书包行走在乡间小路上的温馨画面。阳光透过树叶间的缝隙,斑驳陆离地投射在小女孩的笑脸上,为她的纯真笑容增添了几分温暖与柔美。"生成的效果如图4-99所示。

图4-99

2. 侧视视角

创意描述提示词为:"阳光斜洒的街角咖啡馆旁,行人步履匆匆。侧面捕捉到他独自坐在窗边的静谧瞬间,侧脸轮廓在光影中显得分外温柔。他凝视着远方,仿佛在思索着生活的点滴。"生成的效果如图4-100所示,这一画面充满了诗意与遐想。

图4-100

3. 后视视角

创意描述提示词为："在夕阳的余晖中，从背后跟随拍摄一位老人缓缓前行的背影。这幅画面充满了岁月的沉淀感，让人不禁陷入对过往时光的深深回忆。"生成的效果如图4-101所示，展现了老人与夕阳相映成趣的动人场景。

图4-101

4.8.2 垂直视角

垂直视角是指相机镜头所能捕捉到的场景在垂直方向上的范围，即从镜头中心点到图像顶部和底部边缘所构成的两条射线之间的夹角。这个角度越大，意味着相机能够捕捉到的垂直方向上的内容就越多，反之则越少。接下来，将通过俯拍视角、低角度视角、鸟瞰视角、卫星视角来讲解垂直视角。

1. 俯拍视角

创意描述提示词为："俯瞰视角下，长颈鹿在广袤无垠的草原上悠然漫步，它们的长颈轻盈摆动，仿佛是大地上流动的优雅线条。"生成的效果如图4-102所示。

图4-102

图4-102（续）

2. 低角度视角

创意描述提示词为："镜头自下而上，缓缓揭示一棵岁月沧桑的古老橡树。其树干粗壮，枝叶繁茂如盖，生命力蓬勃。"生成的效果如图4-103所示。

图4-103

3. 顶视视角

创意描述提示词为："顶视镜头下，繁忙的都市交通景象尽收眼底。车辆川流不息，行人络绎不绝，共同编织出一幅鲜活而富有动感的都市画卷。"生成的效果如图4-104所示。

图4-104

图4-104（续）

4. 卫星视角

创意描述提示词为："从卫星视角俯瞰，夜幕笼罩下的城市灯火辉煌，犹如繁星密布的夜空，光华四溢，璀璨夺目。"生成的效果如图4-105所示。

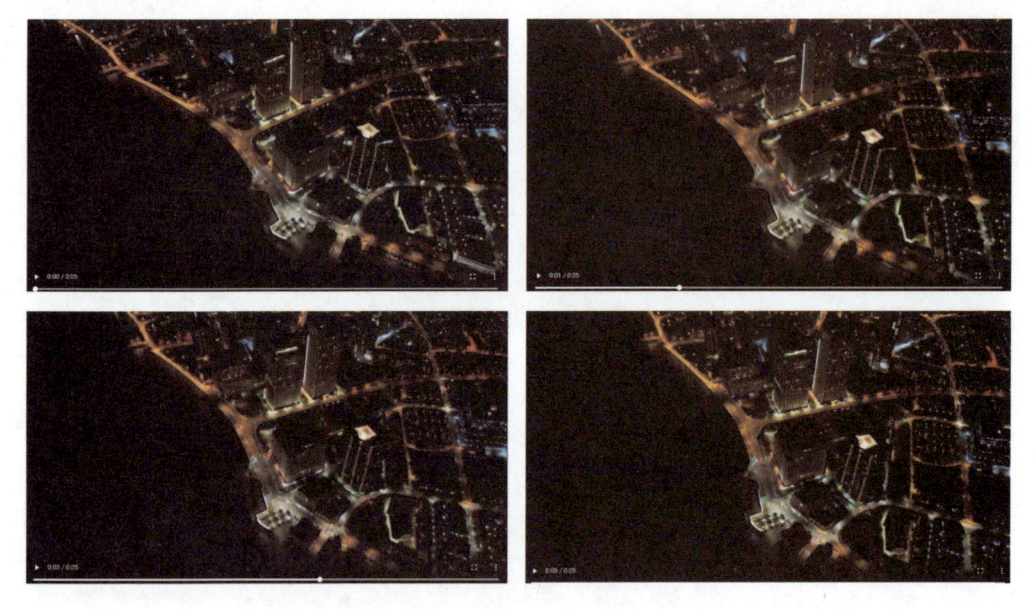

图4-105

5. 鸟瞰视角

创意描述提示词为："鸟瞰视角下，蜿蜒曲折的河流在秋日的暖阳照耀下，流淌出无尽的温柔。它穿山越岭，宛如一条丝带，轻盈地飘落在大地母亲的怀抱。"生成的效果如图4-106所示。

图4-106

图4-106（续）

4.8.3 景别

景别指的是由于摄影机与被摄体之间的距离变化，或者镜头焦距的调整，导致被摄体在摄影机寻像器（或录像器）中所呈现的画面范围有所不同。在影视制作领域，景别构成了一种关键的视觉语言形式。通过灵活运用不同的景别，制作人员能够精确掌控画面内容，突出或淡化特定元素，进而深刻影响观众的视觉感受和情感体验。接下来，将逐一介绍景别中的远景、全景、中景、近景以及特写。

1. 远景

创意描述提示词为："远景镜头下，夕阳的余晖温柔地洒在稻田上，金色的光芒在稻穗间跳跃，闪烁着点点银光，如梦似幻。白鹭轻盈地掠过天际，留下一道道优雅的弧线，与夕阳、稻田共同构成了一幅动人的田园画卷。"生成的效果如图4-107所示。

图4-107

2. 全景

创意描述提示词为："全景画面中，一位男士静立着，深邃的目光穿越眼前的空间，眺望着远方的城市与壮阔的大海。他的身影与周围的景色融为一体，仿佛在诉说着内心的向往与期待。"生成的效果如图4-108所示。

图4-108

3. 中景

创意描述提示词为："小男孩站立着，中景镜头展现至其膝盖以上，他正在专注地拉奏小提琴。"生成的效果如图4-109所示。

图4-109

4. 近景

创意描述提示词为："近景正面捕捉，一位老爷爷佩戴着老花镜，坐在窗边，细心地翻阅着一本泛黄的相册。他的脸上洋溢着幸福而满足的笑容，仿佛每一页都承载着珍贵的回忆，每一刻都值得细细品味。"生成的效果如图4-110所示。

图4-110

5. 特写

创意描述提示词为:"在微距镜头的捕捉下,一只蜜蜂在花蕊间勤勉地采蜜,它翅膀上的精致纹理清晰可见,展现了自然界的神奇与美妙。"生成的效果如图4-111所示。

图4-111

4.9 在文生视频时控制光线效果

在使用可灵生成视频时，不仅要善于操控视角与景别，还需精心运用提示词来调控光线的方向、强弱及类型，以凸显主体并营造出恰到好处的场景氛围。然而，值得注意的是，目前可灵对于光线提示词的响应度尚待提升。具体而言，当创作者尝试使用顺光、侧光等专业术语时，可灵往往生成的是逆光或侧逆光效果。

在利用可灵的文生视频功能进行视频创作时，可以借助以下关键词来精准控制光线效果，从而打造出理想的视觉体验。

4.9.1 光位

1. 逆光

创意描述提示词为："采用逆光拍摄手法，捕捉到一位女子静立在清晨的阳光下。温暖的阳光自女子背后照射而来，勾勒出她曼妙的身形，而她的面部则隐匿在柔和的阴影之中，增添了一抹神秘与唯美。"生成的效果如图4-112所示。

图4-112

2. 侧逆光

创意描述提示词为："在侧逆光的映照下，一位少女安静地坐在公园长椅上，专注于手中的书籍。阳光轻轻勾勒出她柔和的面部轮廓，与周围的景致共同构成一幅格外宁静而美好的画面。"生成的效果如图4-113所示。

图4-113

图4-113（续）

3. 顺光

顺光，也被称为"正面光"，指的是光线投射方向与拍摄方向相一致的光线条件。在这种光线下，被拍摄主体会受到均匀的照明，由于其阴影部分被景物自身所遮挡，因此产生的影调较为柔和。这种光线条件非常有利于充分展现被拍摄主体的细节。顺光特别适用于那些无须特别强调立体感或空间深度的拍摄对象，例如自然风光、昆虫以及花朵的特写等。在拍摄这些对象时，顺光能够淋漓尽致地呈现其丰富的色彩和精致的细节。然而，值得注意的是，在可灵生成的视频中，顺光效果往往并不明显。

4. 侧光

侧光是摄影与绘画领域常用的一种光线条件，它特指光源从被摄体（或画面主体）的左侧或右侧照射而来的光线。侧光能够营造出强烈的明暗对比效果，使被摄体的受光面与背光面形成明晰的界限，从而显著提升画面的立体感和空间感。此外，侧光还能出色地展现被摄体表面的质感，尤其是那些粗糙的纹理，如岩石、皮革、棉麻等材质，在侧光的映衬下会显得更为鲜明突出。然而，在可灵生成的视频中，侧光效果往往难以得到充分的体现。

4.9.2 光线类型

光线类型指的是光在传播过程中所展现出的各种特性和形态。这些类型多样且各具特点，主要涵盖了自然光、日光、夜光以及月光等。接下来，将详细探讨这些光线的具体类型及其特征。

1. 自然光

创意描述提示词为："清晨时分，和煦的阳光轻轻洒落在小猫的柔软身躯上，为其披上了一层金色的暖意。小猫沐浴在这份暖洋洋的温柔中，显得分外惬意与安详。"生成的效果如图4-114所示。

图4-114

图4-113（续）

2. 极光

创意描述提示词为："在绚丽极光的映照下，北极小镇仿佛被点缀成了梦幻的仙境。冰屋散发出银白而神秘的光芒，与极光相互辉映，将整个小镇装扮得如同童话世界般令人陶醉。"生成的效果如图4-115所示。

图4-115

3. 丁达尔光

创意描述提示词为："清晨，丁达尔光穿透层层晨雾，轻柔地照亮了静谧森林中的小径。露珠在翠绿的叶尖上闪烁，晶莹剔透，宛如点点繁星洒落在人间。"生成的效果如图4-116所示。

图4-116

图4-116（续）

4. 烛光

创意描述提示词为："在摇曳的烛光映照下，小男孩带着满脸纯真的笑容，轻轻地闭上了眼睛。他双手合十，对着精美的生日蛋糕许下了心中的美好愿望。"生成的效果如图4-117所示。

图4-117

5. 月光

创意描述提示词为："皎洁的月光轻柔地照亮了小桥，石板路上树影婆娑，斑驳陆离，为这静夜增添了几分神秘与幽深。远处，一幢小屋在夜色中静静伫立，透出一种静谧而安详的氛围。"生成的效果如图4-118所示。

图4-118

图4-118（续）

4.10 在文生视频时控制天气效果

云雾、雨雪等自然气象在视频制作过程中起着举足轻重的作用，它们不仅为场景增添了真实感，更能深刻地影响和改变视频的整体氛围与情感传递。举例来说，雨中的景致往往与悲伤、孤寂或紧张的情绪紧密相连，而暴风雨则常被用作预示即将到来的冲突或危机的象征。

在使用可灵文生视频功能进行视频生成时，可以通过以下关键词来精准控制所需的天气效果。

4.10.1 雨天

创意描述提示词为："暴雨倾盆的城市街头，路面上的积水被行人匆匆的脚步激起，水花四溅。"生成的效果如图4-119所示。

图4-119

4.10.2 雪天

创意描述提示词为:"雪后初晴的乡村,银装素裹,美景如画。炊烟袅袅升起,与远处的雪山相映生辉,构成了一幅宁静而祥和的画卷。"生成的效果如图4-120所示。

图4-120

4.10.3 晴天

创意描述提示词为:"娇艳的花朵向着阳光尽情绽放,展现出生命的活力与美好。晴空万里,碧空如洗,连一丝云彩都没有,仿佛整个世界都被这纯净的蓝色所笼罩。"生成的效果如图4-121所示。

图4-121

4.10.4 阴天

创意描述提示词为:"乌云密布天际,如同浓墨重彩的画卷,将整个城市笼罩在一片灰暗之中。"生成的效果如图4-122所示。

图4-122

4.10.5 多风

创意描述提示词为:"秋天的风轻拂过树梢,携带着丝丝凉意,吹得树叶纷纷扬扬地往下飘落。"生成的效果如图4-123所示。

图4-123

4.10.6 雾天

创意描述提示词为："大雾弥漫，高耸的建筑物顶端渐渐隐没在白茫茫的雾霭之中，仅留下若隐若现的半截轮廓，仿佛整座城市都被神秘的薄纱轻轻覆盖。"生成的效果如图4-124所示。

图4-124

4.11 在生成视频时控制人物表情及动作

无论是采用文生视频还是图生视频的方式来生成视频内容，人物往往都是视频中最核心的元素。同时，大多数创作者也都期望能够为这些人物赋予相应的表情和动作，以增强视频的生动性和表现力。然而，经过笔者的实际测试，目前可灵在人物表情和动作的支持上仍有一定的局限性，主要集中在常见表情和常规动作的实现上。

4.11.1 文生视频控制人物表情及动作

经过一系列文生视频测试，发现在呈现人物表情变化方面，可灵文生视频生成的效果相较于图生视频而言，显得不够理想。具体问题表现在两个方面：其一，生成的表情有时显得不够自然；其二，对于某些复杂的表情，系统无法实现准确的生成。

在人物动作变化方面，可灵文生成视频已经能够较为灵活地展现一些基础动作，如跑、跳、转身等。然而，在面对更为复杂的动作，如做瑜伽或游泳时，其生成效果往往难以达到预期。此外，与图生视频相比，文生视频在动作展现的细腻度和视频画面质量上存在一定的差距。

以下为测试中文生视频在常规表情和动作方面的具体表现效果。

创意描述提示词为:"一位扎着高马尾的女生,正开心地放声大笑,阳光洒落在她的脸庞上,映衬出青春的绚丽色彩。"生成的效果如图4-125所示。

图4-125

创意描述提示词为:"在蓝天白云的映衬下,一位男生开始缓慢地向前奔跑。他的身影在阳光下逐渐加速,展现出一种奋发向前的力量感。"生成的效果如图4-126所示。

图4-126

4.11.2 图生视频控制人物表情及动作

经过一系列的图生视频测试，发现在呈现人物表情变化方面，生成的视频效果总体上达到了预期。特别是对于高兴、愤怒、悲伤、惊讶、恐惧、厌恶等常见表情，生成的视频效果尤为出色。然而，当涉及思考、爱慕、疲惫等更为复杂的情感表情时，生成的效果往往不尽如人意。

在人物动作的变化上，可灵图生成视频已经能够较为灵活地控制一些基本动作，如跳起来、转身、低头、手捂住嘴、挥手等。但遗憾的是，在处理创意描述词中的细节动作时，其生成效果的把握度还有待提高。

以下是测试过程中，文生视频在常规表情和动作方面的具体表现效果。

上传的图片如图4-127所示，创意描述提示词为："女孩开心地笑起来。"根据这一提示词，生成的效果如图4-128所示。

图4-127   图4-128

以下为测试的文生视频中，常规表情和动作的表现效果。

上传的图片如图4-129所示，创意描述提示词为："女孩举起篮球，跳起来。"根据这一提示词，生成的效果如图4-130所示。

图4-129   图4-130

第 5 章

掌握即梦平台基本使用方法

5.1 即梦简述

5.1.1 什么是即梦

即梦是字节跳动旗下剪映团队推出的一款 AI 创作平台。该平台以 AI 图片创作和视频生成为核心功能，允许创作者通过输入文字的方式，迅速产出富有创意的图像或视频。这些内容可以轻松应用于抖音等社交媒体平台，从而大大降低了内容创作的难度。

用户每日登录即梦平台，将会获得 66 个积分作为奖励，这些积分可用于生成图片和视频。当积分用尽后，用户可以选择直接购买积分或开通会员来获取更多积分。直接购买积分的价格为 1 元兑换 10 积分，且最低购买额度为 500 积分。另外，用户还可以选择开通基础会员，每月支付 79 元，即可获得 520 积分，并享受会员专属权益。即梦的界面如图5-1所示。

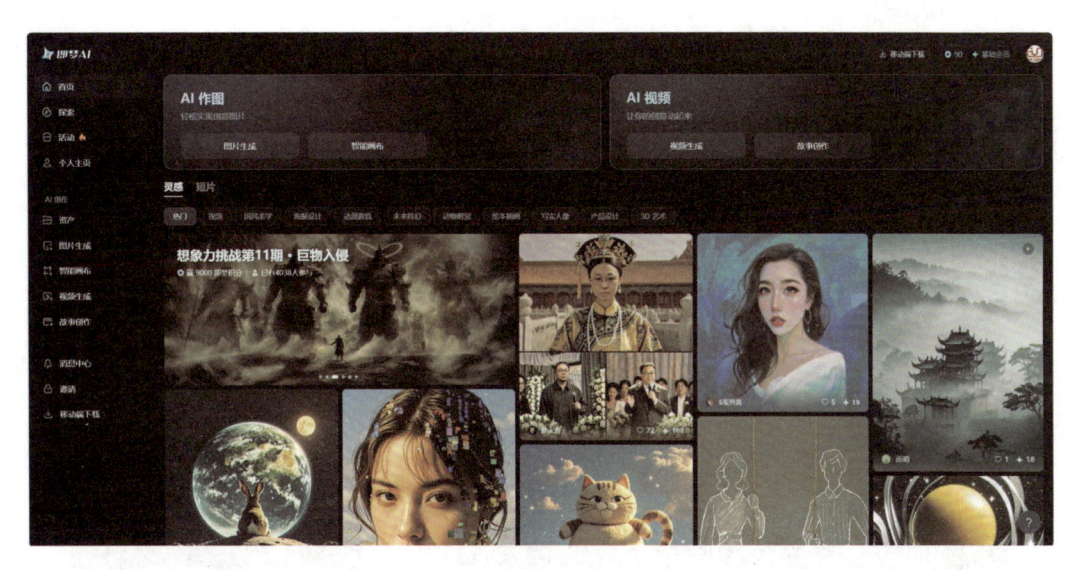

图5-1

5.1.2 即梦的基础功能

即梦的基础功能介绍如下。

- 文生图和图生图功能：在即梦平台中，用户可以轻松生成相关的图片素材。无论是全新创作，还是基于现有内容进行修改和扩展，这些功能都显著提升了创作的灵活性和效率。
- 文生视频功能：即梦支持文生视频功能。用户可以选择文本或图片内容来生成视频，还可以让AI对视频进行延长，从而丰富视频内容。
- 图生视频功能：通过上传图片，用户可以快速生成相应的视频内容。对于不熟悉视频编辑的用户而言，这一功能极大地简化了视频制作的流程，降低了技术门槛，使视频创作更加易于上手。
- 镜头控制功能：即梦还提供了镜头控制功能，包括移动、旋转、摇镜头等操作。这些功能增强了视频创作的自由度和专业性，帮助用户创造出更具个性化的视频效果。

5.2 即梦制作视频基本流程与方法

使用即梦生成视频的方式主要可以分为两种。第一种是"文生视频",这种方式通过文本描述来生成视频,用户只需输入相应的描述词并设置好相关参数,即可快速生成视频;第二种是"图生视频",采用这种方式,用户需要通过上传图片作为垫图来生成视频。除了上传图片,用户还需要提供文本描述词,以使平台能够更准确地理解用户需求并生成符合要求的视频。

接下来,将分别对这两种生成视频的方式进行详细讲解。

5.2.1 通过文生视频的方式生成视频

文生视频是指通过输入提示词来生成所需的视频内容。在即梦的文生图功能中,用户可以输入最多500字的提示词。文生视频的具体操作步骤如下。

01 点击首页"AI视频"中的"视频生成"按钮,或者点击首页左侧工具栏内的"视频生成"按钮,随后点击"文本生视频"按钮,即可进入如图5-2所示的界面。

02 在"图片创意描述"文本框中输入提示词:"二次元动漫风格,一个动漫形象的小女孩正在弹钢琴,背景为蓝天白云、草地和黄色的花朵。"如图5-3所示。

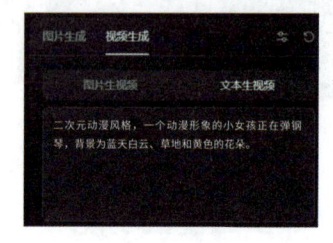

图5-2　　　　　　　　　　　图5-3

03 选择"运镜控制"类型时,可以选取"移动""旋转""摇镜""变焦"等特定的运镜控制类型,也可以选择"随机运镜"。此外,还可以选择运镜的幅度,此处点击"变焦"中的 按钮,使视频画面逐渐拉远,并将运镜"幅度"设置为"中",如图5-4所示。

04 将"运动速度"设置为"适中"。接下来,选择模式类型。目前,即梦提供两种生成模式:一种是"标准模式",适合动作幅度适中的视频生成,此模式下能生成3s、6s、9s、12s的视频;另一种是"流畅模式",适合动作幅度较大的视频生成,此模式下能生成4s、6s、8s的视频。此处选择"标准模式",将"生成时长"设置为3s,"视频比例"设置为16:9,如图5-5所示。

05 点击"生成视频"按钮,即可生成一段时长为3s的视频。视频效果如图5-6所示。若对生成效果不满意,可以点击视频左下角的"重新编辑"或"再次生成"按钮。点击"重新编辑"按钮可以重新设置生成参数；点击"再次生成"按钮，则可以根据相同的参数再次生成新的视频。

图5-4　　　　　　　　图5-5　　　　　　　　图5-6

06　在视频下方会有对视频进行调整的按钮。点击 ⬚ 按钮，可以对视频进行延长；点击 ⬚ 按钮，可以对视频进行补帧；点击 ⬚ 按钮，可以对视频进行高分辨率放大处理；点击 ⬚ 按钮，可以对视频进行AI配乐，此处对视频进行了补帧和高分辨率放大处理。得到的最终视频效果如图5-7所示。

图5-7

5.2.2　通过图生视频的方式生成视频

除了前文提及的文生视频功能，即梦还提供了通过图片生成视频的功能。用户在即梦平台上传图片后，可根据自己的需求选择参考图片中的主体、人物外貌、角色形象、图片风格、边缘轮廓、景深以及人物姿势。之后，只需输入相关的提示词来描绘图片内容或希望传达的情感，平台便能据此生成一段栩栩如生的视频。

图生视频的具体操作步骤如下。

01 点击首页"AI视频"中的"视频生成"按钮，随后点击"图片生视频"按钮，进入如图5-8所示的界面。

02 点击文本框中的"上传图片"按钮，上传图片素材，此处上传的图片如图5-9所示。

03 在"图片创意描述"文本框中输入提示词："女孩，长发，头发飘动，缓慢眨眼"，如图5-10所示。

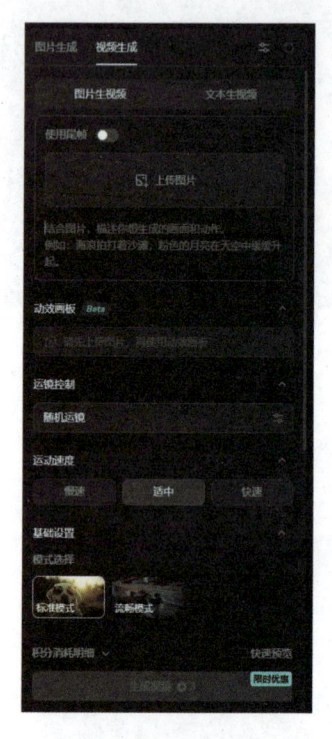

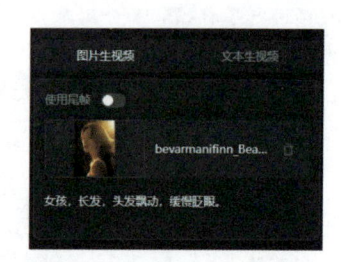

图5-8　　　　　　　　图5-9　　　　　　　　图5-10

04 此时可发现"动效画板"变为灰色，并出现提示语"当前仅支持16:9或更宽比例的图片"。因此，在此图片比例下不可使用"动效画板"功能。该功能的使用方法会在后文中进行详细讲解。将"运镜控制"设置为默认的"随机运镜"，并将"运动速度"设置为"适中"，如图5-11所示。

05 将"模式选择"设为"标准模式"，设置"生成时长"为3s。平台会根据上传的图片自动调整视频比例，如图5-12所示。

06 点击"生成视频"按钮，即可生成一段时长为3s的视频，生成的视频效果如图5-13所示。

图5-11　　　　　　　　图5-12　　　　　　　　图5-13

07 对生成的视频进行补帧和高分辨率放大处理，得到的最终视频效果如图5-14所示。

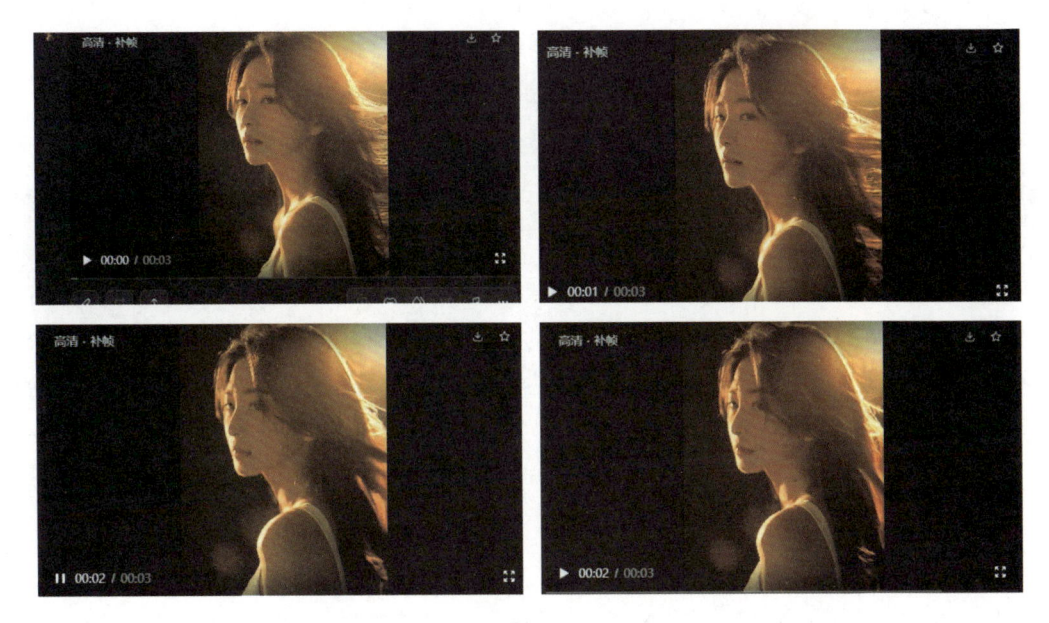

图5-14

5.3 即梦平台特色功能

5.3.1 动效画板的特点及具体使用方法

"动效画板"功能能够让创作者通过简便的操作，将静态图片轻松转化为动态视频，从而实现对物体运动的精细掌控。这一功能涵盖了多种动态效果，包括主体的显现与消失、曲线轨迹运动、形状变化、多个主体间的互动，以及主体移出画面等丰富效果。

1. 核心特点

"动效画板"功能的核心特点如下。

- 自定义运动轨迹：用户可以上传图片并启用"动效画板"功能，从而自动识别图片中的不同主体，之后用户可以为每个主体设定独特的运动轨迹和路径。
- 多主体互动："动效画板"功能支持多个主体之间的交互动作，例如拥抱，使动态视频更加生动、有趣。
- 形变效果：借助"动效画板"功能，可以实现如植物生长般的物体形变效果，为视频增添更多创意和视觉冲击力。
- 精准控制：通过手动绘制运动轨迹，能够精确掌控画面主体的移动状态，包括运动的速度和节奏，从而打造符合个人风格的视频效果。

2. 实际应用场景

"动效画板"功能的实际应用场景如下。

- 单方向运动：例如，让袋鼠从左至右进行跳跃。
- 多方向运动与互动：例如，展示两辆车在行驶中的超车过程。
- 形变与消失效果：例如，展现花蕾从绽放到逐渐凋谢的细致过程。

3. 优势与特点

"动效画板"功能的优势与特点如下。

- 高度可控性：创作者仅需要通过简单操作，便能实现对视频内容的精准掌控，从而充分满足个性化的创作需求。
- 创意无边界："动效画板"功能支持多样化的创意玩法与效果配置，助力创作者轻松打造出充满创意与动感的视频佳作。
- 操作便捷性："动效画板"功能拥有友好的用户界面和简便的操作流程，即便是非专业用户也能迅速上手，享受创作的乐趣。

4. 具体操作方法及效果展示

"动效画板"功能仅限于在图生视频中使用，而且要求上传的图片比例必须严格符合16:9。一旦启用"动效画板"功能，"运镜控制"与"运动速度"设置将不再产生效果。接下来，将以花朵盛开的动态变化为例，详细阐述该功能的操作技巧及其所达成的视觉效果。

01 在图生视频界面上传图片，此处上传的图片如图5-15所示。在文本框中输入提示词："花瓣慢慢开放"，如图5-16所示。

图5-15 　　　　　　　　　　　　　　　图5-16

02 点击"点击设置"按钮，进入"动效画板"编辑界面，如图5-17所示。单击中间的花朵，系统自动识别并框选主体，如图5-18所示。

图5-17 　　　　　　　　　　　　　　　图5-18

03 点击"结束位置"按钮，框选运动结束的位置，如图5-19所示。点击"运动路径"按钮，标注运动的起点和终点位置线。如图5-20所示，绿色箭头方向即为此处标注的运动路径。

图5-19　　　　　　　　　　　　图5-20

04 点击右下方的"保存设置"按钮，即可完成动效画板的相关设置。上文已提及，启用"动效画板"功能后，"运镜控制"和"运动速度"参数将不可使用，而且"生成时长"仅能设置为6s。此处将"模式选择"设置为"标准模式"，如图5-21所示。点击"生成视频"按钮，即可得到一段6s的视频，如图5-22所示。

图5-21　　　　　　　　　　　　图5-22

05 对生成的视频进行补帧和高分辨率放大处理后，视频画面如图5-23所示。从视频画面中可以看出，花朵正在慢慢开放。

图5-23

图5-23（续）

5.3.2 在生成视频时控制运镜效果

"运镜控制"功能能够操控视频的运镜方式，在视频制作环节对摄像机的运动轨迹进行精确掌控。这一功能极大地助力创作者实现多样化的视觉效果，进而提升视频的表现力。它使创作者在生成或编辑视频时，能够自定义虚拟摄像机的运动模式，例如"移动""旋转""摇镜"和"变焦"等特定的运镜方式。与可灵相比，即梦的运镜控制不仅适用于文生视频，在图生视频中同样能够大展身手。

1. 即梦的运镜控制优势

借助运镜控制，创作者能够打造更为生动、有趣的视频画面，从而增强观众的视觉冲击力。同时，恰当的运镜控制还可以让视频画面显得更加流畅、自然，进而提升视频的整体品质。此外，即梦的运镜控制功能操作简便，使创作者无须具备专业的摄影或摄像技能，便能迅速上手并创作出优质的视频作品，从而大大提高创作效率。

2. 使用运镜控制功能的注意事项

在使用运镜控制功能时，用户应特别注意维持画面的稳定性和连贯性，以防出现过于突兀或混乱的运动效果。同时，用户还需要根据视频的主题与风格，来精心挑选适合的运镜方式和参数设置，从而确保达到最理想的视觉效果。

3. 四大移动运镜方式

移动运镜能够有效地引导观众的视线，使其注意力聚焦拍摄主体，进而凸显拍摄主体的重要性。同时，通过镜头的灵活移动，还可以改变观众对空间的感知，营造出多样化的空间感和层次感。在即梦中，移动运镜被细分为向左移动、向右移动、向上移动和向下移动4种模式。图5-24便是这4种移动运镜在大幅度模式下的展现效果示意图。

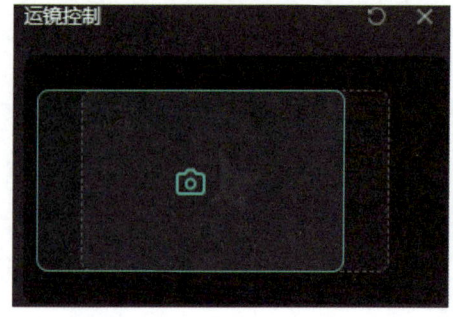

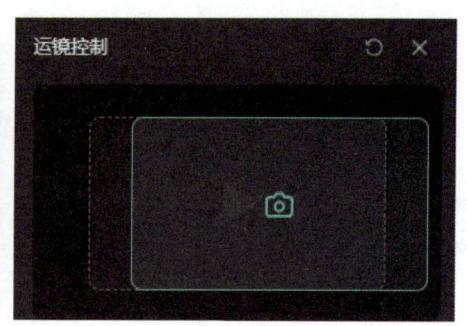

图5-24

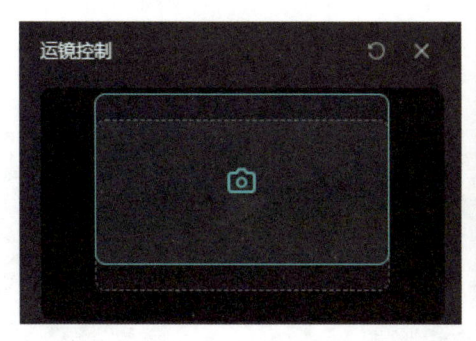

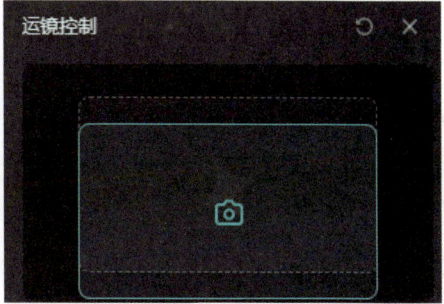

图5-24（续）

以下为笔者利用文生视频技术所获取的4种移动运镜的视频效果示意图。

※ 向左移动

文生视频提示词为："镜头缓缓向左移动，展现一只白色小猫，背景映衬着蓝天白云和绿色草地，小猫正安静地趴在草地上。"所得效果如图5-25所示。可以清晰地观察到，随着镜头的逐渐左移，画面中小猫左侧的空间逐渐变大，营造出一种舒缓而自然的视觉效果。

图5-25

※ 向右移动

文生视频提示词为："镜头缓缓向右移动，聚焦一只可爱的小白兔，背景是郁郁葱葱的绿色丛林，小白兔正在悠闲地吃草。"所得效果如图5-26所示。可以明显看出，随着镜头的逐渐右移，画面中小白兔右侧的空间逐渐增大，为观众带来一种自然流畅的视觉体验。

※ 向上移动

文生视频提示词为："镜头缓缓向上移动，展现一座巍峨的高山，从山脚逐渐升至山顶。"所得效果如

图5-27所示。可以清晰地看到，随着镜头的逐渐上移，画面中的视角逐渐指向山顶，为观众带来一种壮阔的视觉感受。

图5-26

图5-27

※ **向下移动**

文生视频提示词为："镜头缓缓向下移动，展现一座巍峨的高楼，视角从楼顶开始逐渐下移。"所得效果如图5-28所示。可以明显看出，镜头是从楼顶开始逐渐向下移动的，为观众带来一种俯瞰城市的视觉体验。

图5-28

4. 旋转运镜

旋转运镜是一种独特的拍摄手法，它不仅能展示主体本身，更能将主体周围的环境淋漓尽致地展现出来，从而拓宽观众的视野。这种表现手法让观众能够更全面地探索整个场景，增强画面的空间感和深度，使人仿佛身临其境。在即梦中，旋转运镜被精妙地分为逆时针旋转和顺时针旋转两种模式，效果示意如图5-29所示。

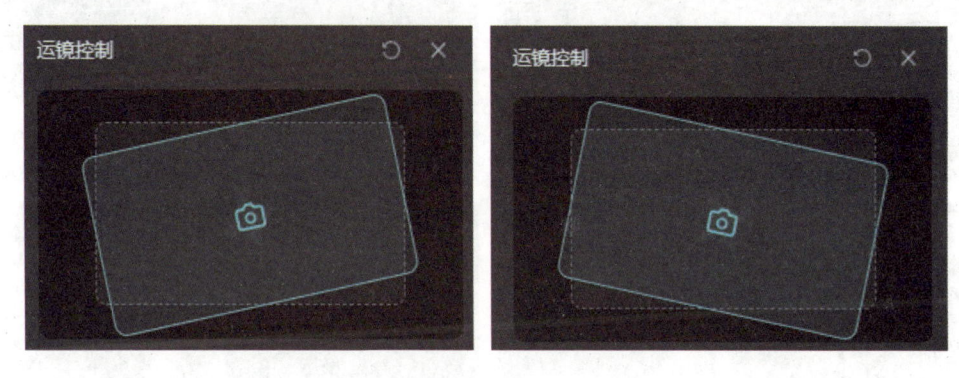

图5-29

接下来，将展示这两种旋转运镜在大幅度模式下的视频生成效果。

※ **逆时针旋转**

文生视频提示词为："镜头从一辆静止的红色跑车开始，缓缓逆时针旋转，充分展示车身的流线型设计，背景则是繁华的现代都市街道。"所得效果如图5-30所示。可以看出，镜头围绕着跑车逆时针旋转，淋漓尽致地展现了这款跑车的酷炫设计，令人瞩目。

图5-30

※ 顺时针旋转

文生视频提示词为:"镜头环绕着舞者缓缓顺时针旋转,精准捕捉其优雅的舞姿。在光影的交错映射下,舞台中心成为旋转的中心,营造出梦幻般的艺术氛围。所得效果如图5-31所示,每一帧都充分展现了舞者的灵动与优雅,将观众带入了一个绚丽多彩的舞蹈世界。

图5-31

5. 水平摇镜

通过水平方向的连续摇动,镜头得以全面展示场景或环境的整体风貌,细腻捕捉其中的各个元素与细节。这种全景式的呈现手法,不仅能够帮助观众更深入地理解和感受故事发生的背景与环境,同时也为后续情节的发展奠定了坚实基础。在即梦中，水平摇镜运镜被巧妙地划分为向左摇镜、向右摇镜、向上摇镜和向下摇镜四种模式。图5-32展示了这四种水平摇镜在大幅度模式下的效果示意。

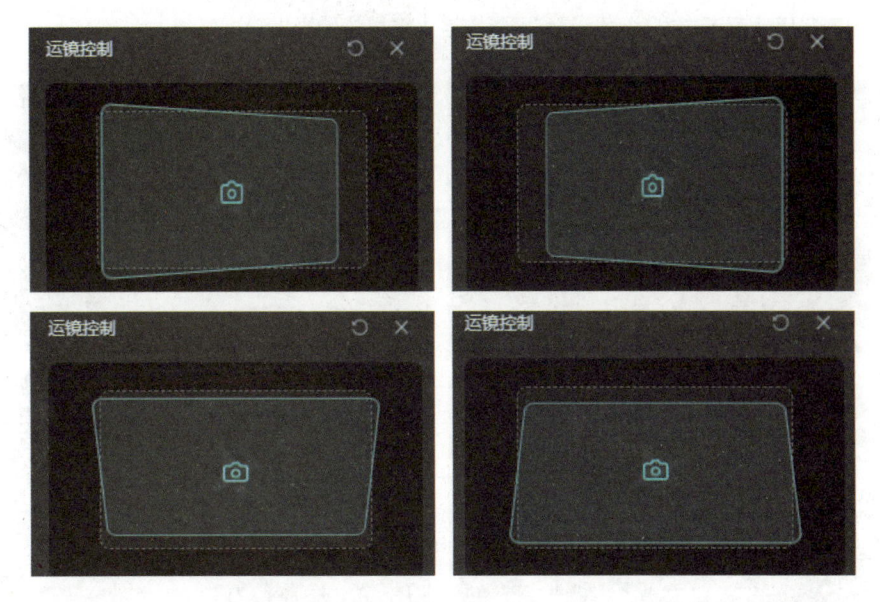

图5-32

※ **向左摇镜**

文生视频提示词为："镜头缓缓向左摇动，穿过繁华的街景，最终停留在街角那家充满温馨氛围的咖啡馆前。"所得效果如图5-33所示，展现了镜头慢慢向左移动，直至聚焦到街角那家引人注目的咖啡店。

图5-33

※ 向右摇镜

文生视频提示词为:"镜头缓慢向右摇动,捕捉到了公园长椅上一位老人沉思的侧影。"所得效果如图5-34所示,展现了镜头逐渐向右移动,最终聚焦在老人沉思的侧影上。

图5-34

※ 向上摇镜

文生视频提示词为:"镜头缓缓向上摇动,从绿草如茵的广阔草地,逐渐移至那蔚蓝无垠的苍穹,阳光温柔地洒落,带来温暖而明媚的气息。"所得效果如图5-35所示,可以清晰地看到镜头从青翠的草地上渐渐上移,直至展露出那无边无际的蔚蓝天空。

图5-35

※ 向下摇镜

文生视频提示词为:"镜头缓缓向下摇动,穿越茂密的树冠层,最终将视线定格在一片静谧的湖面上。"所得效果如图5-36所示,可以清晰地看到镜头逐渐向下移动,穿越层层绿叶,直至稳定地展示出宁静湖面的美景。

图5-36

6. 变焦镜头

变焦镜头通常具备宽泛的焦距范围,能够满足从广角到长焦的多样化拍摄需求,因此在不同类型的摄影场景中均表现出色,涵盖风景、人像、运动和野生动物摄影等多个领域。当拉远镜头时,可以展现更为宏大的场景,进而提升画面的空间感与深度感。相反,通过迅速推进镜头,能够营造出强烈的视觉冲击力,为观众带来紧张、兴奋或好奇的体验。这种拍摄手法在动作、恐怖或悬疑类影片中屡见不鲜,旨在吸引观众目光并烘托紧张气氛。

此外,变焦镜头可分为变焦推进和变焦拉远两种模式。图5-37展示了这两种变焦镜头在大幅度调整下的效果示意图。

图5-37

※ 变焦推进

文生视频提示词为:"镜头缓缓向小狗推进,背景是温馨的房间里。"所得效果如图5-38所示,从这些视频画面中，可以清晰地看到，镜头正在逐渐地向小狗靠近。

图5-38

※ 变焦拉远

文生视频提示词为："男子静立海边远眺，镜头缓缓拉远，呈现辽阔海景及其孤独背影。"所得效果如图5-39所示，从这段视频画面中，可以观察到，随着镜头的逐渐拉远，男子的身影也愈发显得渺小。

图5-39

5.4 利用首尾帧精准控制视频生成效果

与可灵相关章节所描述的利用首尾帧精确控制视频生成效果的方法类似,即梦同样能够通过首尾帧来操控视频的生成效果。这实际上也是一种基于图像生成视频的方式,但需要留意,在即梦中,若使用了首尾帧功能,就不能同时使用"动效画板"功能。利用首尾帧精准控制视频生成效果的具体操作步骤如下。

01 在即梦首页点击"视频生成"按钮,进入图生视频界面后,选中"使用尾帧"复选框,如图5-40所示。

02 分别上传首帧图片和尾帧图片。此处使用了之前演示可灵相关功能时使用过的图片素材,并在文本框中输入提示词:"女生突然间大笑起来",如图5-41所示。

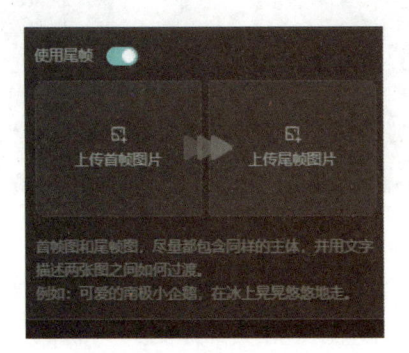

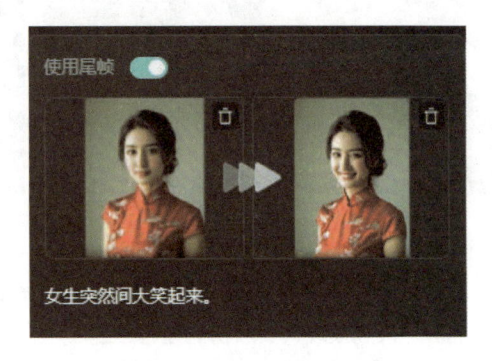

图5-40

图5-41

03 将"运镜控制"设置为"随机运镜","运动速度"设置为"适中",并选择"标准模式",生成时长设定为3s,如图5-42所示。

04 点击"生成视频"按钮,即可生成一段时长为3s的视频,效果如图5-43所示。

图5-42

图5-43

05 对视频进行补帧和高分辨率放大处理后,得到的画面如图5-44所示。

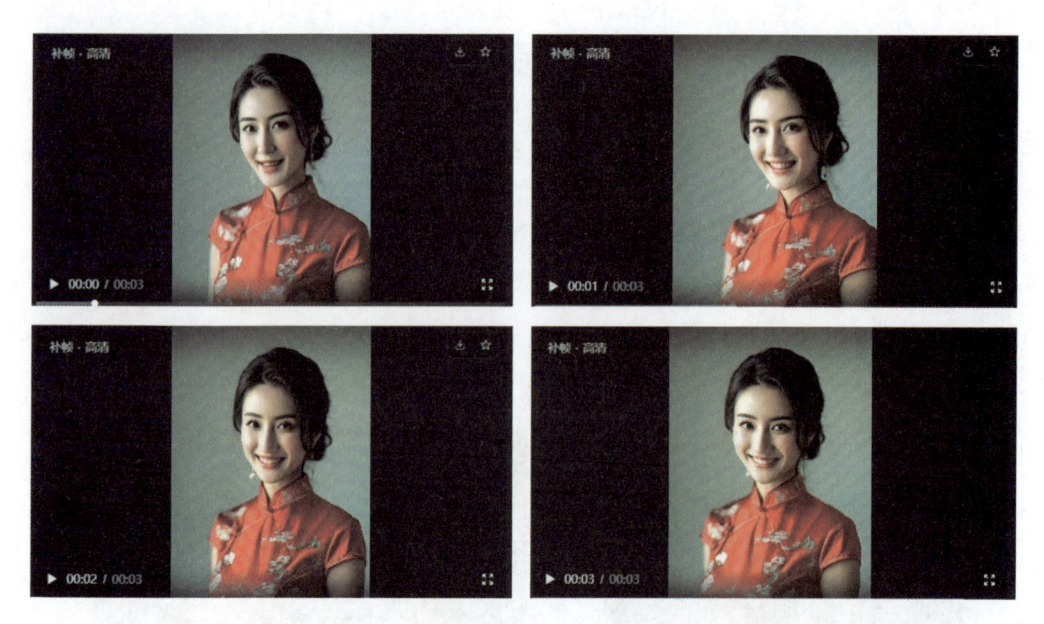

图5-44

从生成的画面可以看出，即梦所生成的首尾帧视频画面，即便进行了补帧和高分辨率放大处理，其清晰度仍有待提升，尤其在人物展现大笑表情的过程中显得不够自然，这表明控制效果仍需进一步优化。

需要注意的是，此处采用的是与前文讲解可灵首尾帧控制视频时相同的素材，旨在对比两者之间的异同与优劣。经过测试发现，两个平台的首尾帧功能均允许用户上传起始帧和结束帧图片，借助AI技术自动生成中间的过渡视频，从而迅速产出短视频。通过自定义首尾帧，用户可以更精准地掌控视频的内容和风格，使生成的视频更加贴合个人需求或特定场景的要求。与可灵类似，即梦也支持通过4种方式来控制视频效果：首尾帧图片的主体和背景不同、背景固定而主体变化、主体固定而背景变化，以及人物面部及动作的过渡。当上传首帧和尾帧图片时，两个平台都要求图片尽可能相似，若差异过大，可能会导致镜头不流畅。因此，选择两张主题相同且相似的图片是至关重要的，这样AI才能更顺畅地进行衔接。

即梦与可灵的不同点如下。

- 技术实现：尽管两者都提供了首尾帧功能，但在技术层面存在差异。可灵运用了更尖端的AI算法和模型，例如3D时空联合注意力机制，以生成更为自然、流畅的过渡动画。相较之下，即梦生成的视频有时会出现画面扭曲或变形的情况。
- 生成效果：技术实现的不同也导致了生成效果上的差异。可灵生成的视频在细节展现、光影效果等方面可能更卓越，能够模拟真实世界的特质；而即梦可能在视频内容的连贯性和故事性上更具优势。
- 运镜控制：在使用首尾帧功能时，可灵不支持运镜控制，而即梦则提供了运镜控制方式，并允许调整运镜速度。

此外，两个平台在生成模式和时长上也存在区别。使用首尾帧功能时，可灵仅能生成时长为5s的视频；而即梦在"标准模式"下可以生成3s、6s、9s和12s的视频，在"流畅模式"下则可以生成4s、6s和8s的视频。

5.5 使用即梦创建成语故事短视频

如前文所述，即梦的"故事创作"功能支持批量导入分镜图片以创作故事视频。本节将通过"孟母三迁"的成语故事为例，详细阐述如何利用此功能进行故事短视频的创作。创作流程大致可分为以下4个步骤：首先，借助AI技术生成成语故事的分镜头脚本；其次，通过即梦的文生图功能，根据脚本生成相应的分镜图片；然后，利用"故事创作"功能，将这些分镜图片批量导入并转换成视频；最后，将生成的视频草稿上传至剪映云空间，利用剪映工具对视频进行进一步的润色和优化。

5.5.1 借助AI生成分镜头脚本

借助文心一言、智谱清言、通义千问、Kimi等先进的AI工具，可以轻松生成成语故事视频的分镜头脚本。具体的生成方法将在后文中详细讲解。图5-45是利用文心一言为成语故事"孟母三迁"生成的10个分镜头脚本。

序号	场景描述	人物描写及动作
1	简陋的茅草屋内，昏黄的灯光下	孟母（中年妇女，面容憔悴但眼神坚定）坐在织布机前，双手忙碌地穿梭着；孟子（幼童，眼神好奇而灵动）在一旁观看，偶尔模仿母亲的动作。
2	墓地附近，小路旁	送葬队伍缓缓行进，唢呐声凄凉。孟子（身着粗布衣裳，好奇地）跟在队伍后，模仿吹喇叭的动作，一群孩子跟在他身后嬉戏，模仿送葬场景。
3	孟母屋内，夜深人静	孟母（忧虑地皱眉）与孟子对话，孟母手抚孟子头，语重心长讲述道理，决定搬家。
4	城内，屠宰场附近	清晨，屠宰场忙碌，屠夫们动作麻利。孟子（兴奋又好奇）站在一旁观看，认真观察屠夫们的每一个动作，偶尔尝试模仿。
5	孟母屋内，傍晚	孟母（更加焦急）与孟子交谈，再次决定搬家，强调教育的重要性。
6	学堂外，晨光初照	学堂内传来朗朗读书声，孟子（满脸期待）站在学堂外，摇头晃脑地跟着读，显得格外专注。学生们进出，孟子主动行礼，显得守秩序、懂礼貌。
7	学堂内，午后	孔子孙子（智者形象，慈祥）注意到孟子，观察其学习状态，露出赞许之色。课后，他单独与孟子交谈，鼓励并决定让其免费入学。
8	学堂内	孟子（气质沉稳）与同学们热烈讨论学问，他认真聆听每个人的观点，不时点头表示赞同，展现出深厚的学识和独到的见解。
9	孟子家中，夜晚	孟母（欣慰地笑）与孟子对坐，孟子讲述自己的学问与志向，孟母泪光闪烁，感叹教育的力量。
10	战国时期的某讲堂	孟子（已成为著名思想家）站在讲台上，向众多弟子传授儒家思想，言辞恳切，影响深远。

图5-45

5.5.2 通过AI作图生成分镜图片

通过即梦作图工具中的图片生成功能，可以创作成语故事的分镜图片。这一步对于制作高质量的视频分镜头至关重要，因为它能确保定帧画面的连贯性和专业性。在此过程中，需要特别注意保持角色的一致性。为实现这一目标，建议利用生成的第一张图片作为参考图，以控制其余图片中人物形象的统一。接下来，将详细介绍如何生成"孟母三迁"成语故事的分镜图片。

1. 生成第一张风格参考图

01 点击即梦首页"AI创作"中的"图片生成"按钮，进入图片创作界面。根据前文生成的分镜头脚本中的场景及人物描写，撰写用于生成图片的提示词。在撰写过程中，需要注意将脚本中的"孟母"替换为具体形象描述，例如用"妇女"等词汇替代，同时将"孟子"替换为"男孩"。在描述时，应明确所需的图片风格和人物着装风格。例如，根据第一个分镜头脚本，描述为："儿童绘本画风，简陋的茅草屋内，昏黄的灯光下，古代穿着，一个妇女，面容憔悴但眼神坚定，正在辛勤劳作，双手忙碌着，她的身旁有一个小男孩，眼神好奇地在一旁观看。"将此描述输入提示词文本框中，如图5-46所示。

02 将"生图模型"设置为"即梦 风格化 XL"，"精细度"值设置为8，"图片比例"设置为16:9，如图5-47所示。

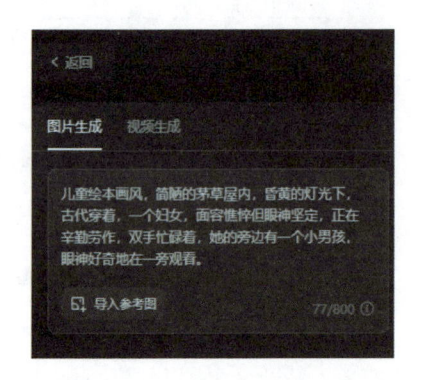

图5-46

图5-47

03 点击下方"立即生成"按钮，即可生成图片，如图5-48所示。

04 点击图片下方的 按钮，对图片进行细节修复，修复后的图片如图5-49所示。

图5-48

图5-49

05 点击 按钮，对图片进行高清放大，得到最终的第一张分镜图片，如图5-50所示。

图5-50

2. 控制各分镜图片角色和风格的一致性

接下来，将利用图片参考功能来生成其余的分镜图片，具体的操作步骤如下。

01 根据分镜头脚本2的文本描述，生成的分镜图片的提示词为："儿童绘本画风，墓地附近，小路旁，送葬队伍缓缓行进，小男孩身着古代的粗布衣裳，好奇地跟在队伍后，模仿送葬场景。"如图5-51所示。

02 点击"导入参考图"按钮，上传第一张分镜图片，以此作为后续生成图片的参考。上传后，选中"风格特征"复选框，并点击右下方的"保存"按钮，如图5-52所示。

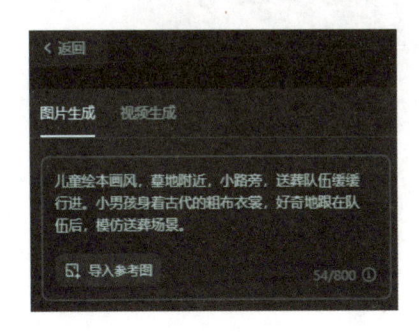

图5-51 　　　　　　　　图5-52

03 再次点击"导入参考图"按钮，截取第一张分镜图片中小男孩的画面并上传。上传后，选中"人物长相"复选框，如图5-53所示。若孟母与孟子的形象同时出现，而且动作变化幅度不大时，可以选中"主体"复选框以进行参考控制。加入参考图片后，文本框中的内容将发生变化，如图5-54所示。

图5-53 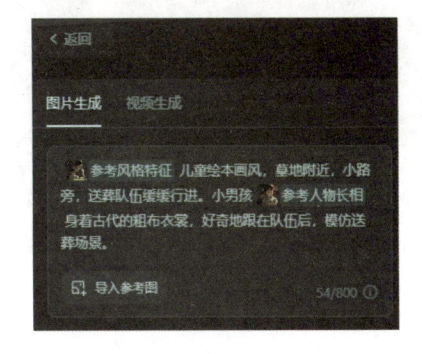　　　　　　　　图5-54

04 由于前面已经参考了图片风格，因此在模型选择上，只能选择"即梦 通用 XL Pro"模型，并将"精细度"值设置为7，如图5-55所示。设置"图片比例"为16∶9，如图5-56所示。

图5-55

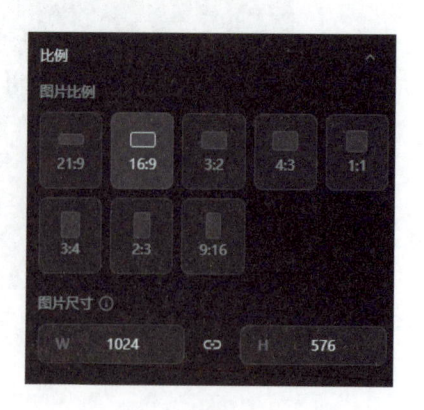

图5-56

05 点击"立即生成"按钮，即可生成图像。之后，对生成的图片进行细节修复和高分辨率放大处理，最终效果如图5-57所示。

图5-57

06 根据以上操作方法，生成的故事剩余分镜图片，如图5-58所示。其中，分镜3的图片和分镜5的图片是选择了参考图片的"主体"功能后生成的。

分镜3图片

分镜4图片

图5-58

分镜 5 图片 　　　　　　　　　　　　　　　　　分镜 6 图片

分镜 7 图片 　　　　　　　　　　　　　　　　　分镜 8 图片

分镜 9 图片 　　　　　　　　　　　　　　　　　分镜 10 图片

图5-58（续）

5.5.3　用故事创作生成分镜头视频

故事分镜图片全部生成完毕后，可以利用故事创作功能将图片转化为视频，具体的操作步骤如下。

01　点击即梦首页"AI创作"中的"故事创作"按钮，再点击"批量导入分镜"按钮，并将所有分镜图片导入。导入后，可以拖动图片以调整顺序，调整后的界面如图5-59所示。

02　在每张分镜图片的文本框中输入相应的分镜提示词，如图5-60所示。

03　点击每个分镜头下方的"图转视频"按钮后，左侧菜单栏中将会出现图生视频的操作界面。

图5-59

图5-60

04 以分镜图片1为例进行视频生成。将"运镜控制"设置为"随机","运动速度"设置为"适中","模式选择"设置为"标准模式","生成时长"调整为9s。之后,点击下方"生成视频"按钮,即可生成一段9s的视频。生成的视频素材会在界面右侧展示,具体效果如图5-61所示。

05 对生成的视频进行"视频补帧"和"视频超清"处理,以提升视频画质。故事分镜头1的最终效果视频画面如图5-62所示。

图5-61

图5-62

06 根据各个镜头脚本的内容，依次输入与图转视频相关的提示词，并选择适当的运镜控制类型，从而得到剩余镜头的视频。最终，成功生成了10段时长均为9s的分镜头视频，具体效果如图5-63所示。

图5-63

5.5.4 在剪映中润色视频

在剪映中润色视频的具体操作步骤如下。

01 点击右上方的"导出"按钮,可以选择将视频导出到本地或者上传至剪映的云空间。由于此处需要对视频进行进一步处理,因此需要点击"导出草稿"按钮,如图5-64所示。在弹出的"确定导出到剪映云空间?"对话框中,点击"确定"按钮,如图5-65所示。这里需要特别注意的是,为了继续使用该功能,需要将剪映软件升级到一定的版本。

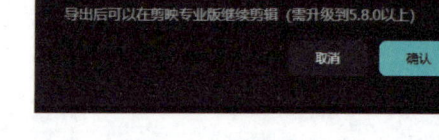

图5-64　　　　　　　　　　图5-65

02 打开剪映软件,点击左侧菜单中的"我的云空间"按钮,在其中找到已上传的视频,如图5-66所示。

03 选中视频文件,将其下载到本地草稿,在弹出的"确定下载到本地?"对话框中,点击"确定"按钮,如图5-67所示。

04 下载到本地后,再次点击视频文件即可编辑该视频,在弹出的"前往本地编辑?"对话框中,点击"去编辑"按钮,如图5-68所示。进入剪映视频编辑界面,如图5-69所示。

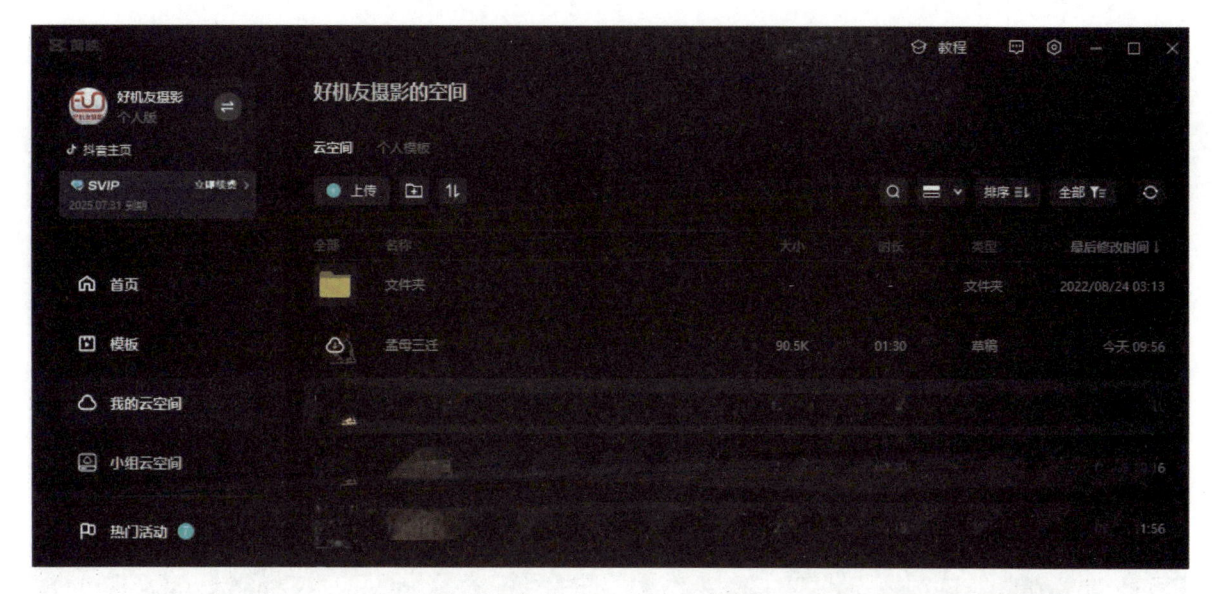

第 5 章　掌握即梦平台基本使用方法

图5-66

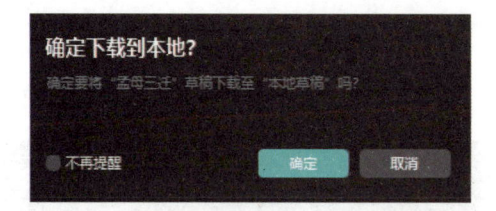

图5-67

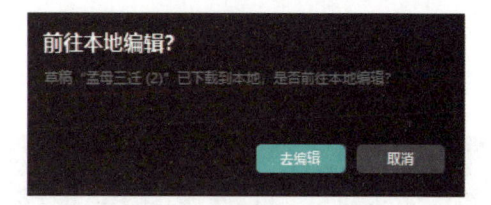

图5-68

图5-69

05　为视频添加旁白配音、字幕、背景音乐、转场等，编辑后的视频画面如图5-70所示。

图5-70

"孟母三迁"的整个故事视频部分画面如图5-71所示。

图5-71

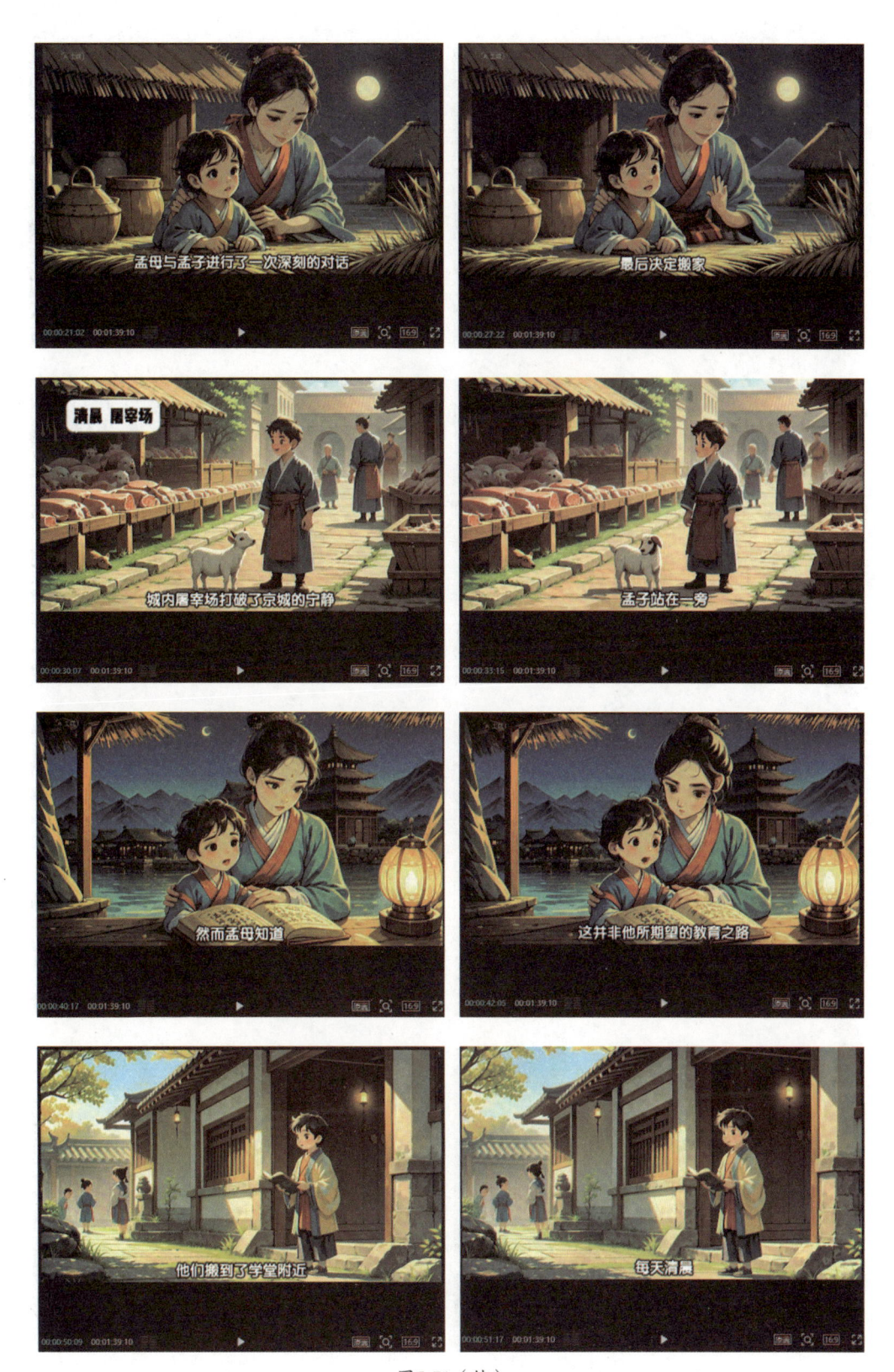

图5-71（续）

图5-71（续）

第 6 章

掌握视频文案素材生成方法

借助AI技术，我们能够迅速且高效地创作与生成视频内容的文本部分。AI技术不仅加快了视频制作流程中文本编写的速度，还能依据视频的主题、风格以及目标受众，自动对文本内容进行优化，这在很大程度上提高了视频制作的效率和个性化水平。本章将重点介绍如何利用AI技术快速高效地生成视频中的文本内容。

6.1 使用AI创作生成视频用的提示词

在利用可灵、即梦等视频生成工具进行视频创作时，通常需要输入各种文本提示词。然而，有时我们会遇到创作灵感枯竭或难以描述特定场景的情况，这时可以借助AI技术来辅助撰写提示词。前文已经详细阐述了文本提示词的具体撰写技巧和公式，而本节将重点介绍如何利用AI快速且批量地生成这些提示词。接下来，将通过实际操作智谱清言和Kimi这两款工具，详细讲解视频提示词的撰写方法。

6.1.1 用智谱清言AI创作视频生成提示词

智谱清言是由北京智谱华章科技有限公司研发并推出的一款生成式AI助手。该助手基于智谱AI自主研发的中英双语对话模型ChatGLM2，经过万亿字符的文本与代码预训练，并采用监督微调技术，为创作者提供智能化服务，用智谱清言生成提示词的具体操作步骤如下。

01 进入智谱清言官网，注册并登录后进入智谱清言首页，如图6-1所示。

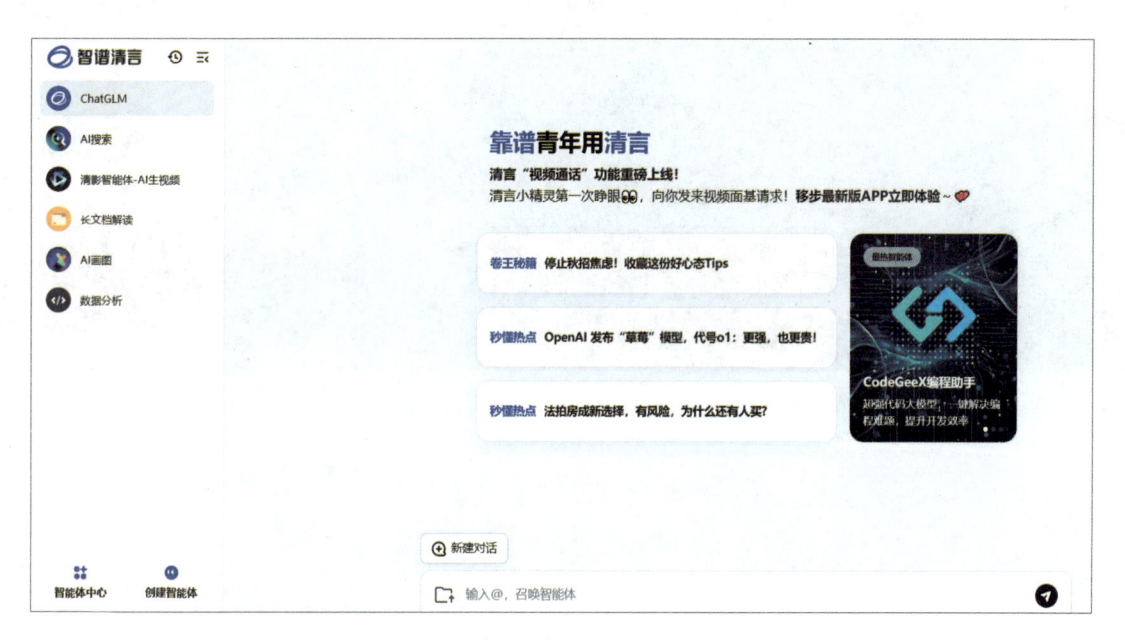

图6-1

02 在下方文本框中输入提示词时，要遵循本书前文所讲解的"主体（主体描述）+运动+场景（场景描述）+（镜头语言+光影+氛围）"的提示词公式技巧。为了生成关于小女孩滑冰的提示词，要在文本框中输入以下内容："请按照'主体（主体描述）+运动+场景（场景描述）+（镜头语言+光影+氛围）'的提示词公式帮我生成小女孩滑冰的完整一段话的提示词。"如图6-2所示。

第 6 章 掌握视频文案素材生成方法

03 点击文本框右侧的 ➤ 按钮,即可生成相关提示词,如图6-3所示。

图6-2

图6-3

04 如果对生成的内容不满意,可以点击 ↻ 按钮,重新生成相关提示词,如图6-4所示。

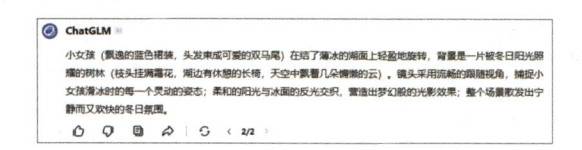

图6-4

6.1.2 用Kimi创作视频生成提示词

Kimi 是月之暗面(Moonshot AI)公司推出的一款智能助手,它集成了长文总结和生成、在线搜索、数据处理、代码编写、用户交互及翻译六大核心功能,能全面满足用户在不同应用场景下的多元化需求。接下来,将通过实际操作,展示如何利用 Kimi 批量生成提示词文本。

01 进入Kimi官网,注册并登录后进入如图6-5所示的界面。

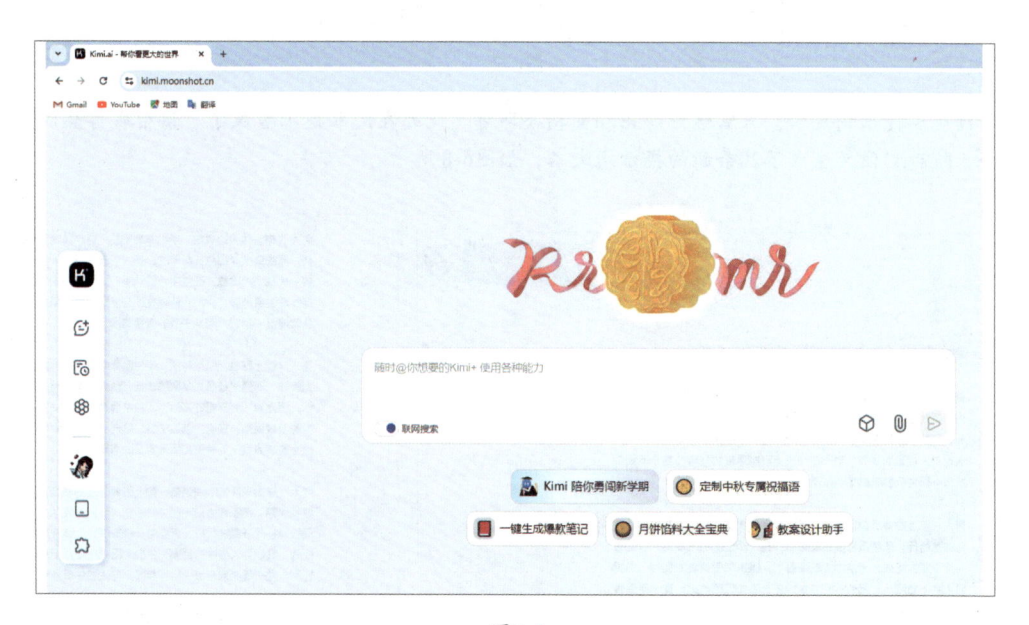

图6-5

02 在文本框中输入提示词时,若想要批量生成提示词,并以表格的形式整理呈现,则应在文本框中输入以下内容:"请按照'主体(主体描述)+运动+场景(场景描述)+(镜头语言+光影+氛围)'的提示词公式,帮我生成一个男人在沙漠漫步的提示词。每段话大约80字,要求创作20条,并且希望最后能以表格的形式列出。"如图6-6所示。

141

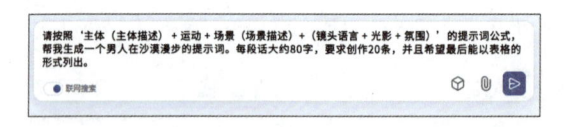

图6-6

03 点击▶按钮，即可生成相关提示词，如图6-7所示。

图6-7

04 若想持续生成提示词文本，只需继续给出相关指令即可。此处在文本框中输入了"请帮我再生成20条。"的指令，随后AI便又生成了20条新的提示词文本，如图6-8所示。

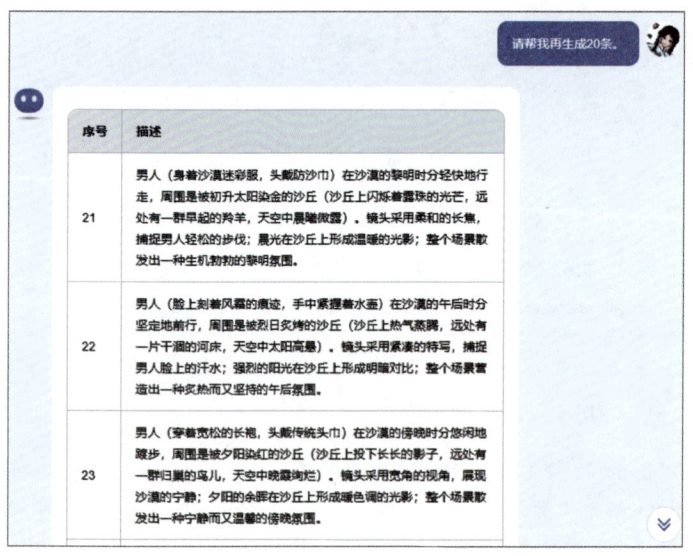

图6-8

6.2 使用AI生成短视频标题

标题在短视频中的重要性显而易见，它直接关乎观众的点击意愿和视频的传播广度。一个引人入胜的标题能激起观众的好奇心和探索欲。在这个信息爆炸的时代，标题已成为内容营销的核心要素。然而，撰写一个吸引人的标题并非易事，许多人常感力不从心。幸运的是，随着AI技术的不断进步，撰写优质标题已不再是难事。借助AI，我们不仅可以轻松生成大量标题，还能确保这些标题既新颖又有吸引力，同时与内容紧密相关，从而极大地提高创作效率。

接下来，将通过实际操作360智脑和天工这两款工具，为大家详细阐述短视频标题的撰写技巧。

6.2.1 用360智脑生成短视频标题

360智脑是由360公司自主研发的认知型通用大模型，它不仅具备生成创作、多轮对话、逻辑推理等十大核心能力，还拥有数百项细分功能，致力于重塑人机协作的新模式。利用360智脑生成短视频标题，可以为我们提供别具一格的创意，从而极大地节省人工创作标题所需的时间和精力。以下是具体的操作步骤。

01 进入360智脑官网，注册并登录后进入如图6-9所示的页面。

图6-9

02 在下方文本框内输入文字指令，通过实时对话，即可进行内容创作。请注意，在输入文字指令时，一定要明确要求，告知AI视频标题的内容方向、风格以及字数限制。此处想要生成一个介绍元宇宙的抖音短视频标题，于是在文本框内输入了相应的文字指令，如图6-10所示。

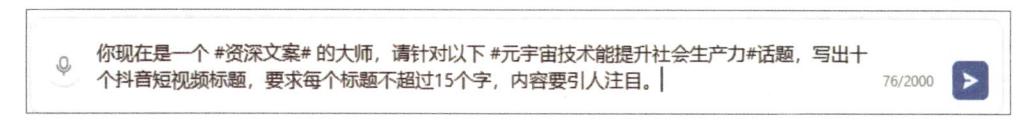

图6-10

03 点击文本框右侧的箭头按钮,即可生成标题内容,如图6-11所示。

04 若对标题内容不满意,可通过再次对话来调整内容。此处觉得以上生成的标题不够震撼,所以又给AI一些指令,让其重新生成,再次生成的标题如图6-12所示。

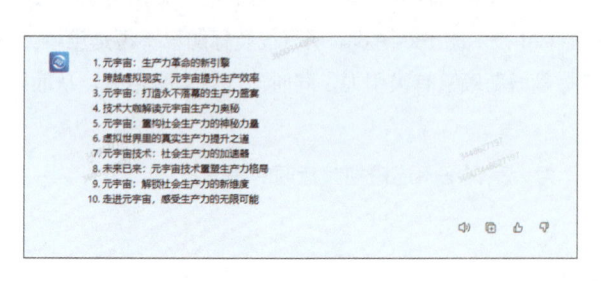

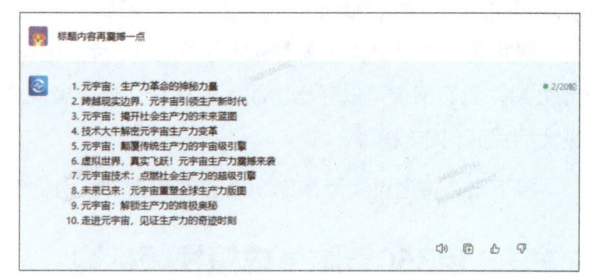

图6-11　　　　　　　　　　　　　　图6-12

05 可通过反复与AI进行对话或者点击下方"重新生成"按钮,来获取自己满意的标题。此外,还可以通过"数字人广场"寻找合适的模板来生成标题。"数字人广场"的模板如图6-13所示。

图6-13

6.2.2　用天工生成短视频标题

天工,这一由昆仑万维和奇点智源共同开发的大语言模型,以问答式交互为核心功能,使用户能够通过自然语言与天工流畅交流。它提供了包括文案生成、知识问答、代码编程、逻辑推演以及数理推算等在内的多元化服务。在创作短视频标题时,借助天工的相关模板,并结合个人要求,用户有机会打造出引爆热点的爆款标题。以下是具体的操作步骤。

01 打开"天工"官网,注册并登录后,进入如图6-14所示的页面。

图6-14

02 点击上方"AI创作"菜单，再点击"模板创作"按钮，即可看到众多创作模板。这些模板涵盖"营销与广告""创意写作""职场文档""学术教育"四大领域。只需填写相关内容，即可一键生成所需内容。部分模板如图6-15所示。

图6-15

03 选择关于短视频标题创作的模板，即可开始创作。此处选择"爆款标题"模板，并按照模板提示填写了相关内容，如图6-16所示。

图6-16

04 点击"开始创作"按钮，即可生成相关标题，生成的标题如图6-17所示。

05 点击"添加到文档"按钮，相关内容会填充到右侧的编辑区，可以在编辑区内进行改写，如图6-18所示。

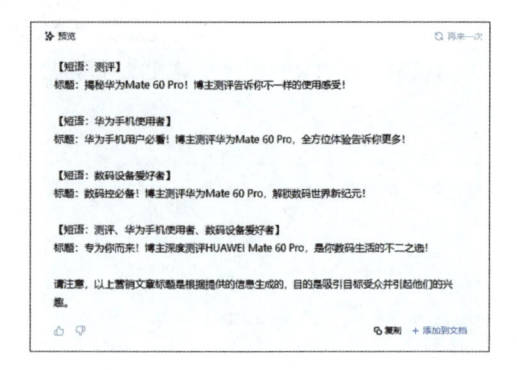

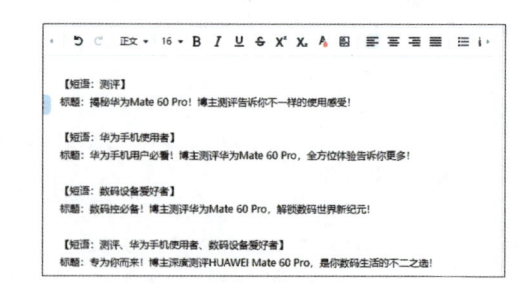

图6-17　　　　　　　　　　　　　　　图6-18

6.3 使用AI生成分镜头脚本

在短视频行业迅猛发展的时代背景下，分镜头脚本的创作显得尤为重要，然而许多人在撰写时常常感到无从下手，创作过程困难重重。幸运的是，随着科技的飞速进步，我们现在可以借助 AI 工具来生成分镜头脚本，这不仅颠覆了传统的创作模式，更为短视频创作领域带来了一场深刻的变革。接下来，将通过文心一言和 WPS 这两款工具，详细阐述短视频分镜头脚本的撰写技巧。

6.3.1 用文心一言生成短视频脚本

文心一言是百度研发的一款人工智能大语言模型，在跨模态、跨语言的深度语义理解与生成能力方面表现卓越。它具备文学创作、商业文案创作、数理逻辑推算、中文理解以及多模态生成五大核心能力，并内置了丰富的写作模板。利用文心一言来撰写短视频脚本，能够大大提升工作效率。以下是具体的操作步骤。

01　打开文心一言官网，注册并登录后，进入如图6-19所示的页面。

图6-19

第 6 章　掌握视频文案素材生成方法

02　点击左侧菜单中的"百宝箱"按钮，进入模板选择页面，如图6-20所示。

图6-20

03　在右上角的搜索文本框中输入关键词"脚本"，出现相关模板，此处选择了"视频脚本创作"模板，点击该模板的"使用"按钮后，下方文本框内会出现相应的文字模板，如图6-21所示。

图6-21

04　生成视频脚本。利用AI生成脚本是有一定技巧的，在文字指令中，一定要包括视频具体要介绍的对象、景别、镜头要求、音乐要求、视频类型、视频大概的内容以及其他具体的要求。此处想要生成一个甜品店宣传片的视频脚本，在文本框中输入了相关指令，如图6-22所示。

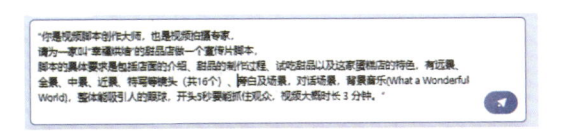

图6-22

05 点击文本框右侧的箭头按钮,即可生成视频脚本。AI生成的关于甜品店宣传片的视频部分脚本如下所示。

【镜头1】

(0:00—0:05)

画面:早晨的阳光洒在一家温馨的小店"幸福烘焙"上,门口鲜花盛开,店内透出暖暖的灯光。

旁白:在清晨的阳光下,幸福烘焙与你一同迎接新的一天。

【镜头2】

(0:06—0:10)

画面:店内环境,展示木质的桌椅、墙上悬挂的烘焙工具、店内的装饰等。

旁白:这里,每一处都充满了温馨与舒适,让你感受到家的味道。

【镜头3】

(0:11—0:20)

画面:店主在准备材料,新鲜的面粉、香甜的果酱、新鲜的水果等。

旁白:我们的甜品,选用最上等的材料,让你品尝到食材本身的鲜美。

06 如果对生成的脚本不满意,可以点击"重新生成"按钮再次生成,直到满意为止。同时,也可以在AI生成的脚本基础上进行自行修改。

6.3.2 用WPS生成短视频脚本

WPS作为金山办公旗下的首款类ChatGPT式协同办公软件,拥有卓越的大语言模型能力。在WPS的灵感市集中,汇集了多领域丰富的模板,能够迅速生成各类视频脚本、工作总结、广告文案以及社交媒体推文等内容。结合WPS自身的文档编辑及打印功能,用户可以高效产出大量短视频脚本,具体的操作步骤如下。

01 打开WPS软件,新建文档,连续按两次Ctrl键唤出WPS AI。

02 点击WPS AI中的"灵感集市"按钮,进入灵感模板库,在模板库中找到短视频脚本模板,即可开始创作,如图6-23所示。

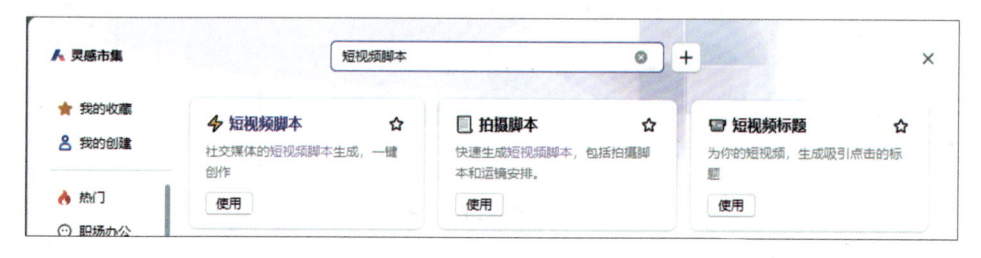

图6-23

03 此处想创作一个关于美妆博主化妆的视频脚本,在文本框输入内容,如图6-24所示。

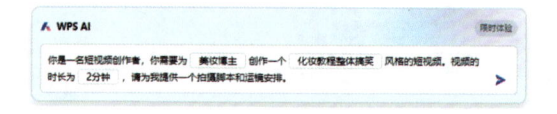

图6-24

04 点击文本框右侧的箭头按钮即可生成脚本，生成的部分脚本如图6-25所示。

镜号	拍摄场地	拍摄时间	光线和颜色	景别	拍摄方法	镜头时长	画面	角色动作	人物台词/旁白	音乐/音效	后期剪辑和特效要求
1	室内，化妆台前	白天	自然光，暖色调	中景	推镜头（由远至近）	10秒	镜头推进，出现化妆品和美妆博主的笑脸	美妆博主摆出搞笑的Pose，挤出笑脸	旁白："大家好，我是你们的美妆博主！"	轻快的音乐，笑声	加字幕："欢迎来到我的化妆教程！"
2	室内，化妆台前	白天	自然光，中性色调	全景	移镜头	15秒	美妆博主坐在化妆台前，展示各种化妆品	美妆博主拿起化妆品，摆出搞笑的Pose	美妆博主台词："首先，我们要准备这些化妆神器！"	笑声，轻快的音乐	加字幕："准备阶段"
3	室内，化妆台前	白天	自然光，暖色调	中景	摇镜头	10秒	美妆博主打开粉底液，摆出搞笑的涂脸姿势	美妆博主涂脸，做出夸张的表情	美妆博主台词："涂上粉底液，让你的皮肤像瓷娃娃一样滑嫩！"	笑声，轻快的音乐	加字幕："涂粉底液"
4	室内，化妆台前	白天	自然光，冷色调	全景	拉镜头（由近至远）	10秒	美妆博主拿起眼线笔，画出搞笑的眼线形状	美妆博主画眼线，做出搞笑的面部表情	美妆博主台词："眼线是眼睛的灵魂！画出你的灵魂吧！"	笑声，轻快的音乐	加字幕："画眼线"

图6-25

05 如果对生成的脚本不满意，可以点击"重试"按钮再次生成，直到满意为止。同时，也可以在AI生成的脚本基础上进行自行修改。

6.4 使用AI生成短视频文案

短视频文案可以提供视频画面中无法直接表达的背景信息、细节或观点，从而增强观众对内容的理解。在信息爆炸的时代，优质文案能够迅速吸引观众的注意力，通过精准、有力的语言，让观众在第一时间对视频产生兴趣。

随着AI技术的不断进步，AI生成文案的能力也在持续提升。通过不断的学习和实践，AI能够更好地理解人类语言和创作需求，生成更加精准、高质量的视频文案。

接下来，将通过秘塔写作猫、讯飞星火等工具，讲解短视频文案的撰写方法。

6.4.1 用秘塔写作猫AI生成视频文案

秘塔写作猫是由上海秘塔网络科技有限公司推出的一款写作辅助软件。它广泛应用于社交媒体、新闻、公众号文章及法律文件等多个领域，且支持批量生成文案和文章。软件内提供了丰富的模板供用户选择，每个模板都配有固定的指令步骤，操作简便——用户只需按照步骤指令输入相应内容，即可快速生成文案。

但需要注意，对于普通用户而言，秘塔写作猫在文案生成字数上有所限制。一旦超出限定字数，或者需要使用某些特定模板及批量生成功能时，则需要付费。

以下是使用秘塔写作猫AI生成视频文案的具体操作步骤。

01　进入秘塔写作猫官网，登录后进入如图6-26所示的页面。

图6-26

02　点击"快速访问"中的"AI写作"按钮，进入写作模板中心，其中包括"全文写作""论文灵感""小红书种草文案""方案报告""短视频文案"等14个场景领域的应用创作模板，如图6-27所示。

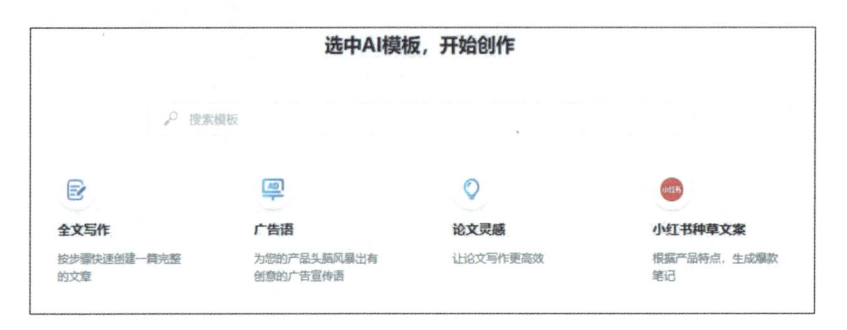

图6-27

03　选择与"短视频文案"相关的模板，即可开始创作。此处选择了"短视频文案"中的"单品文案"模板，输入模板的相关步骤指令，如图6-28所示。

04　点击"生成内容"按钮，即可生成短视频文案，如图6-29所示。

图6-28 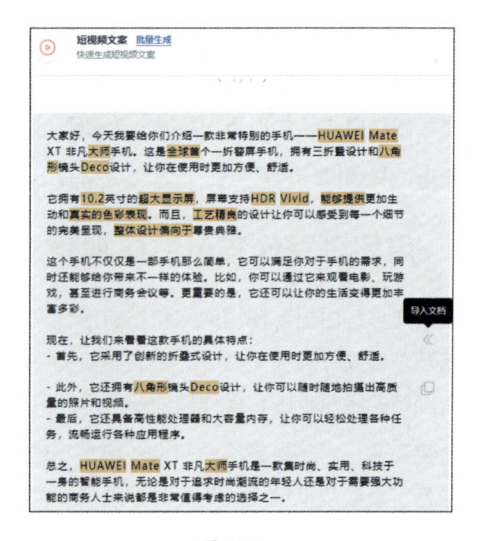　　　　　　　　　　图6-29

第 6 章 掌握视频文案素材生成方法

05 如果对文案内容不满意可进行重新生成，或者导入文档后，在编辑区内进行修改，如图6-30所示。

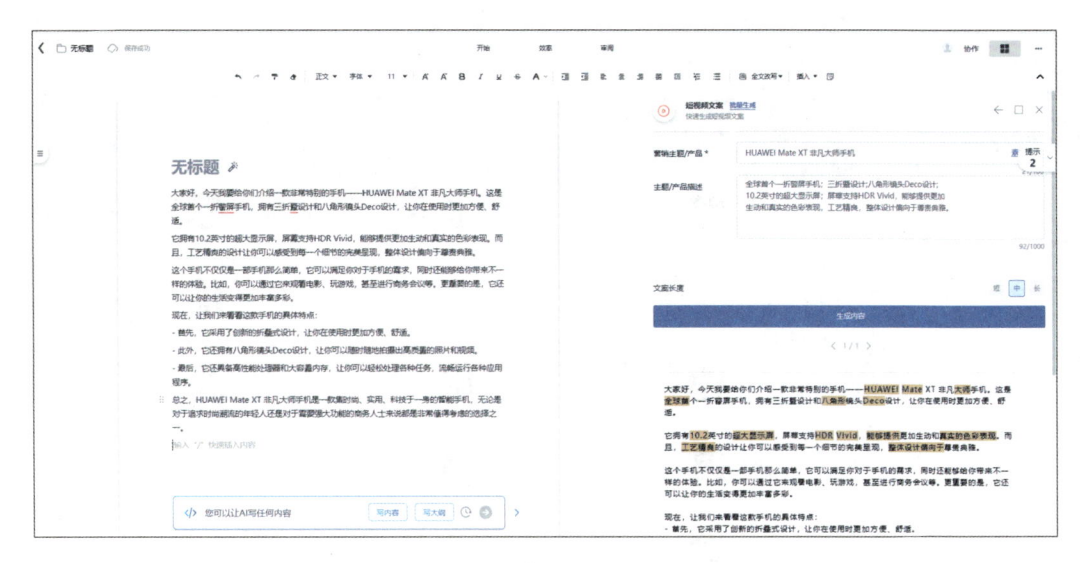

图6-30

6.4.2 用讯飞星火生成视频文案

讯飞星火认知大模型是科大讯飞最新推出的重磅产品。该模型在文本生成、语言理解、知识问答、逻辑推理、数学计算、代码编写以及多模态处理等方面均表现出色，为用户提供了全方位的智能体验。

讯飞星火的"助手中心"和"发现友伴"是其两大功能亮点。"助手中心"提供了众多创作模型供用户使用，而"发现友伴"则允许用户选择特定角色进行聊天互动，以增添乐趣。在讯飞星火中，用户可以利用模板生成视频文案，并根据个人需求和创意灵活调整内容，从而创作出更具个性化的视频文案。具体的操作步骤如下。

01 进入讯飞星火认知大模型官网，注册并登录后进入如图6-31所示的页面。

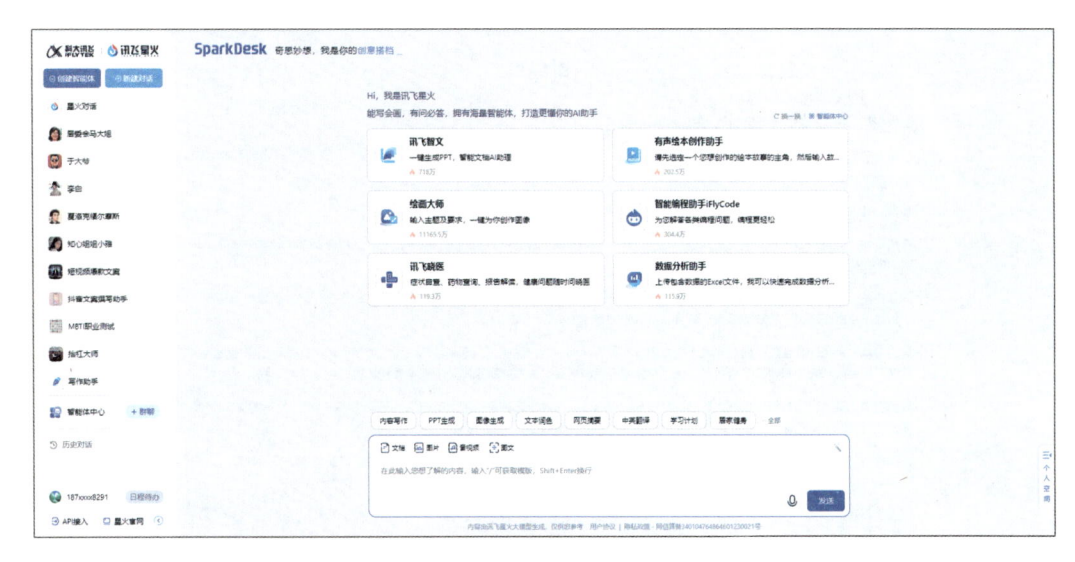

图6-31

151

02 点击右侧的"智能体中心"按钮,进入模板库,在右上角的文本框中输入想要使用的模板关键词,即可找到相关模板。此处在文本框内输入了"视频文案"关键词,出现的模板如图6-32所示。

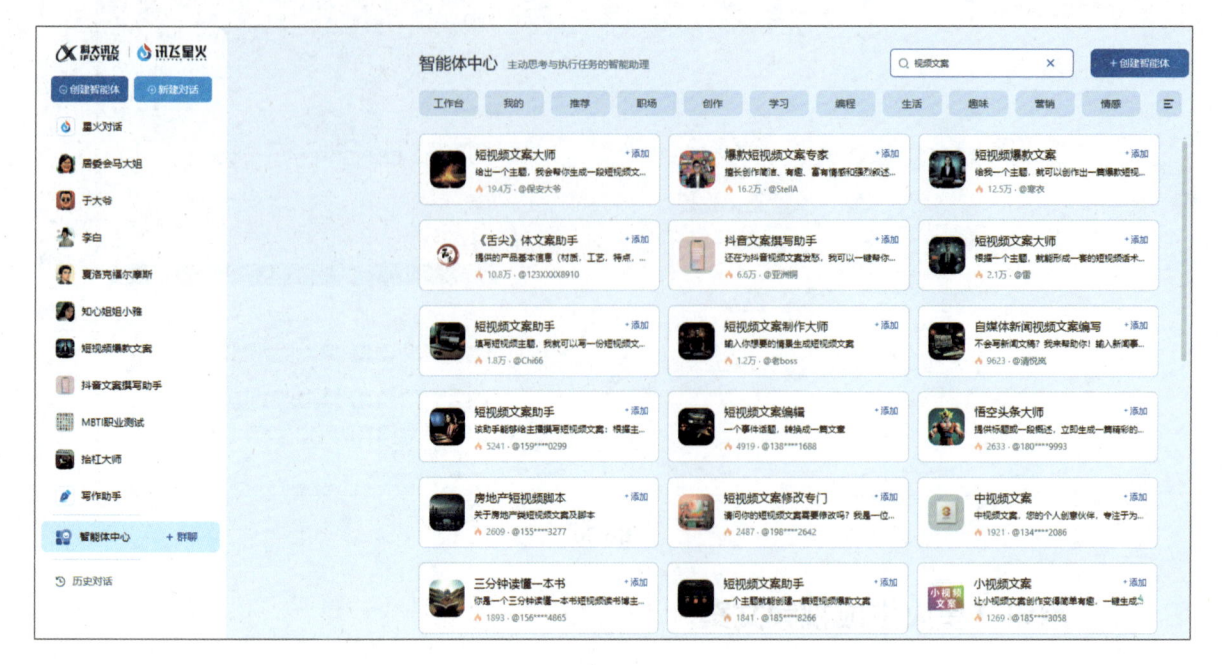

图6-32

03 选择模板后,在模板文本框中输入文字指令,但要注意,指令中要包括视频文案的大体主题及内容风格要求,此处输入的文字指令如图6-33所示。

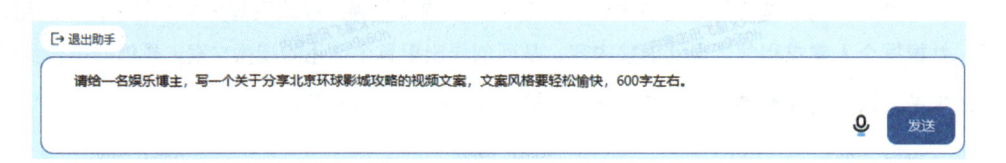

图6-33

04 点击"发送"按钮即可生成文案内容,如图6-34所示。

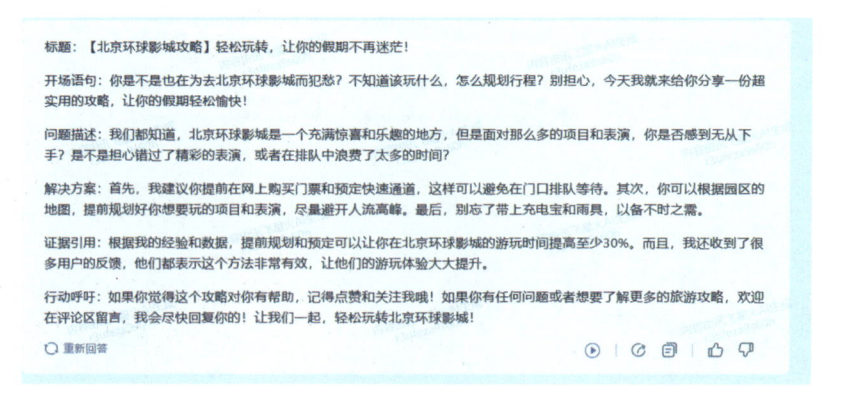

图6-34

6.5 使用AI生成爆款视频"金句"

爆款"金句"对于短视频实现病毒式传播、扩大其影响力具有显著作用。对于一般人而言，创作出引人注目的"金句"或许颇具挑战，但随着 AI 技术的不断进步，这种挑战正逐渐降低难度。现在，我们可以借助自然语言处理技术，利用机器学习模型对海量文本数据进行分析，学习语言的结构与规则，并基于这些规则生成崭新的"金句"。

接下来，将利用秘塔写作猫和讯飞星火这两款工具进行演示，详细讲解如何使用 AI 生成爆款视频"金句"。

6.5.1 用通义千问生成爆款视频"金句"文案

通义千问是阿里云推出的超大规模语言模型，具备多轮对话、文案创作、逻辑推理等多模态理解能力，并支持多种语言。其中，通义千问的百宝袋功能内置了丰富的多领域模板，用户只需一键套用，即可轻松应对趣味生活、创意文案、办公助理、学习助手等各种场景。利用通义千问生成"金句"文案，不仅高效便捷，而且能够大大提升文案的吸引力和传播力。具体的操作步骤如下。

01 进入通义千问官网，注册并登录后进入通义千问首页，如图6-35所示。

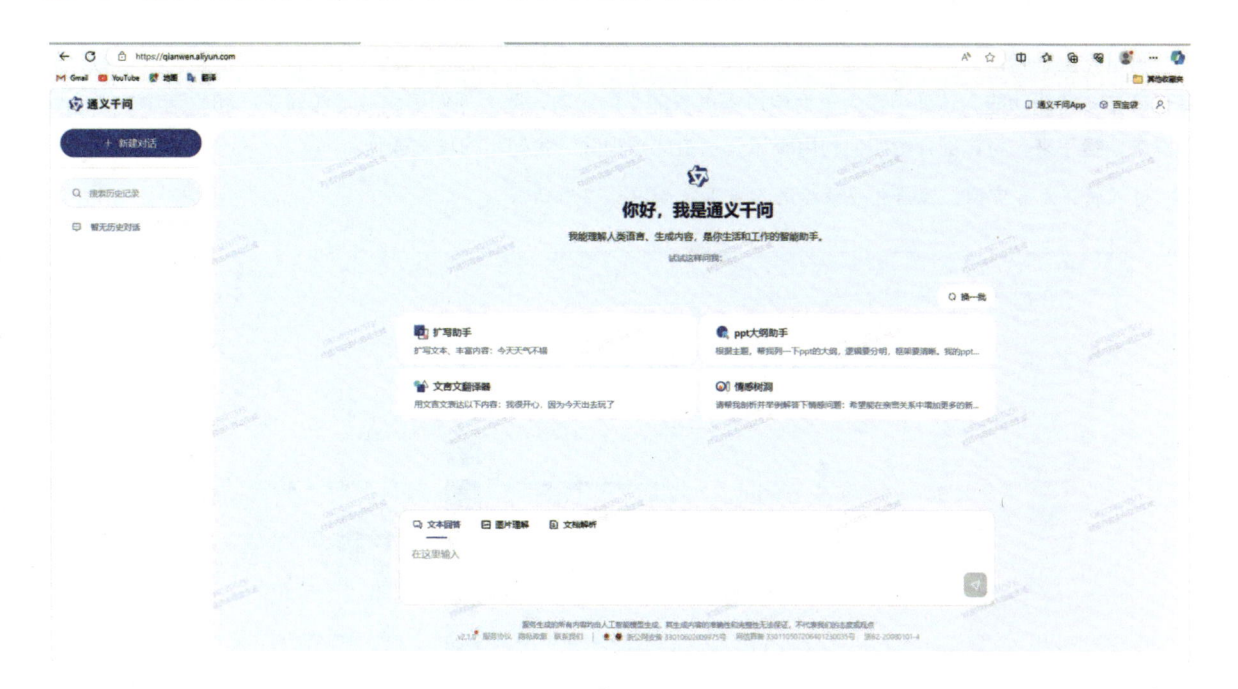

图6-35

02 通过文本框输入文字指令，即可利用AI工具进行创作。在创作爆款视频"金句"文案时，需要掌握一定技巧：首先，为AI赋予明确角色，确保其知晓自身的角色定位及创作内容；其次，设定清晰的结构框架，使AI能够依据框架生成"金句"；再者，明确内容方向，为AI指明文案创作的大致方向；最后，对生成的文案进行优化编辑，根据个人需求进行适当修改。例如想创作关于美食方面的短视频"金句"，按照上面所述的技巧输入文字指令，如图6-36所示。从输入的文字可以清晰地识别出对AI的具体指导："你是一名文案创作大师"这句话为AI赋予了文案大师的角色；"时间不是解药，但解药在时间里。以上是'金句'的ABBA结构，在这个句子中，AB对应的两个词是时间和解药，后半句中BA对应的词则是解药和时间"，这段话为AI提供了所需遵循的文案结构；而"请创作10条关于'美食'的短视频'金句'文案"则明确指出了文案的内容方向和数量要求。

03 点击文本框右侧的箭头按钮，即可生成"金句"，如图6-37所示。

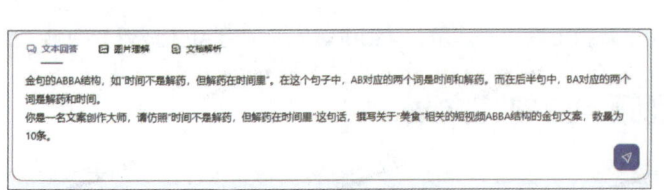

图6-36

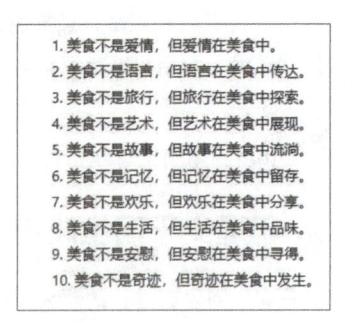

图6-37

04 如果对生成的"金句"不满意，可重新进行生成。

6.5.2 用腾讯元宝生成爆款视频"金句"文案

腾讯元宝是腾讯公司精心打造的一款AI助手，它依托于腾讯的混元大模型，融合了AI搜索、AI总结、AI写作等诸多智能功能。该助手致力于为用户提供智能化的服务，助力他们更高效地应对工作和生活中的信息处理需求。接下来，将详细介绍如何利用腾讯元宝生成短视频"金句"的具体操作。

01 进入腾讯元宝官网，注册并登录后进入首页，如图6-38所示。

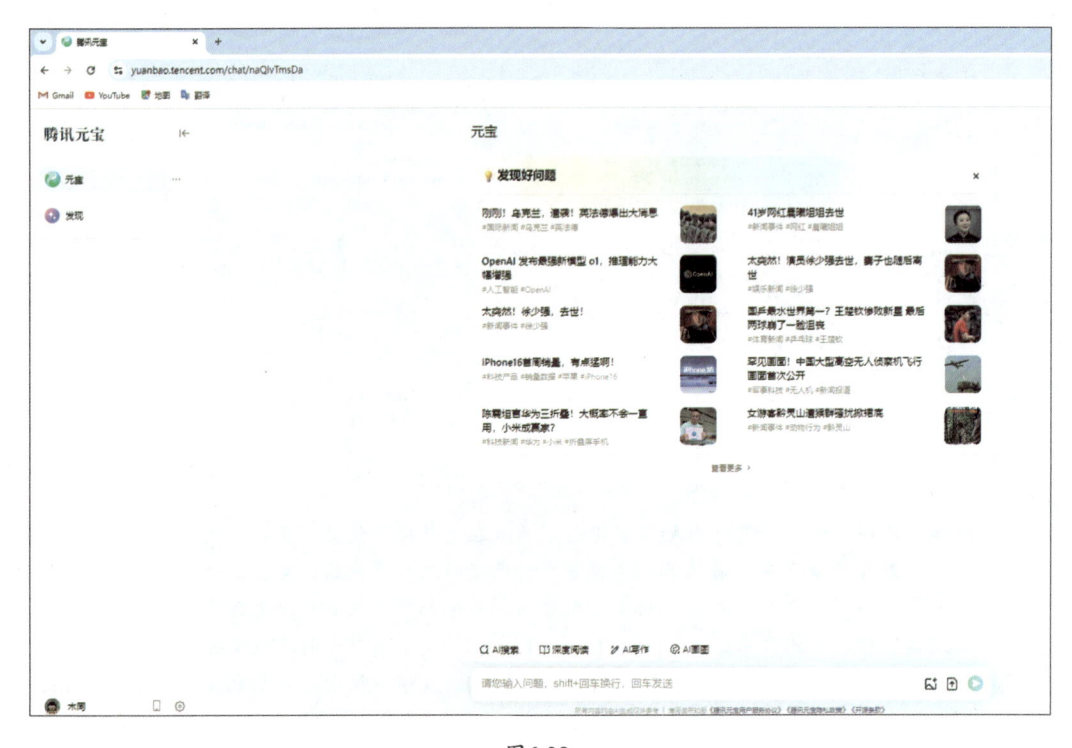

图6-38

02 在文本框中输入以下提示词指令："矛盾式金句结构是指金句前后内容矛盾，对比起来更加鲜明，还有强大的张力。例如"我们最大的愚蠢也许是非常聪明。"请用矛盾式金句结构写出关于"成长"的金句，要求生成10条，每条字数控制在20字以内。"如图6-39所示。

03 点击文本框右侧的 ▶ 按钮，即可生成相关"金句"，如图6-40所示。

图6-39

图6-40

6.6 使用AI自动抓取并生成热点文章

热点话题通常能引发观众的热烈讨论和积极互动。在短视频中加入这些热点元素，可以有效激发观众的参与热情，进而增加评论、分享和点赞等互动行为。然而，热点类短视频的时效性至关重要，依赖人工生成大量热点内容既耗时又费力，还可能导致错过最佳发布时机。幸运的是，随着人工智能技术的兴起，生成热点文章变得轻而易举。AI能够快速捕捉并处理海量信息，实时生成与热点相关的文章。接下来，将通过度加创作和WPS这两款工具，详细阐述如何自动抓取并生成热点文章的方法。

6.6.1 用度加创作生成热点文章

度加创作是百度开发的一款AIGC创作工具，主要提供"AI成片""高光剪辑"和"声音克隆"等功能。在"AI成片"板块中，用户可以实现自动抓取并生成热点文章的操作。请注意，"热点推荐"功能每日可免费使用3次，而"AI润色"功能则每日可免费使用5次。具体的操作步骤如下。

01 进入度加创作官网，注册并登录后进入如图6-41所示的页面。

02 点击左侧菜单中的"AI成片"按钮，开始文案创作。在页面右侧有"热点推荐"功能板块，有许多热点话题，分为娱乐社会、科技等领域，并且可以按照城市来选择热度高的话题。热点推荐的板块内容，如图6-42所示。

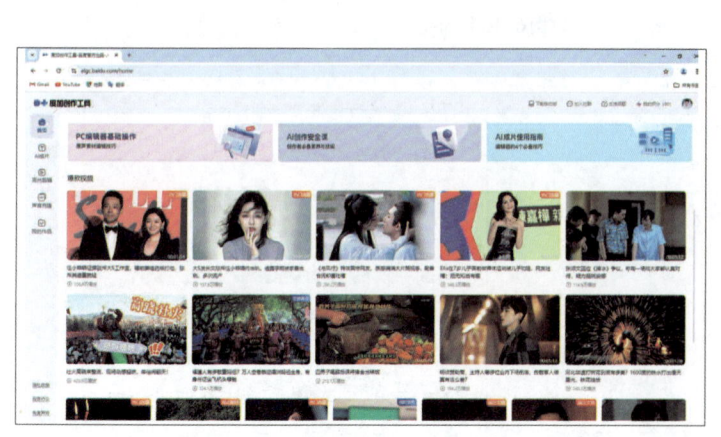

图6-41　　　　　　　　　　　　　　　　　图6-42

03 点击相关热点标题，即可自动抓取并生成热点文章，此处选择了关于"用人民币感受冰岛的物价"的热点话题，生成的热点文章如图6-43所示。

图6-43

04 如果对生成的文案不满意，可以对其进行手动修改或者AI润色。AI自动润色后的文章如图6-44所示。

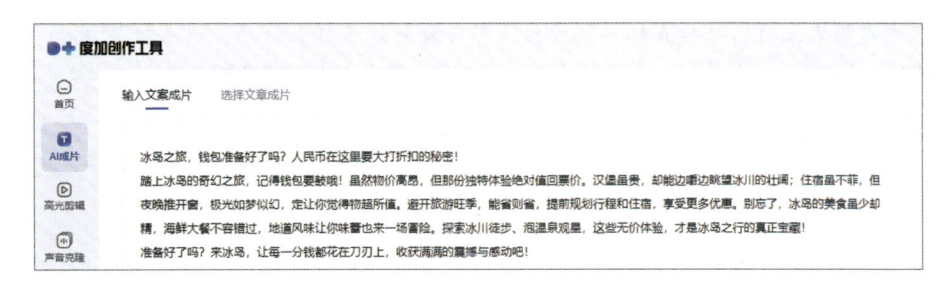

图6-44

6.6.2 用腾讯智影生成热点文章

腾讯智影是一款云端智能视频创作工具，它利用大数据分析技术，精准捕捉热点事件的核心信息和公众的兴趣点，从而创作出更具吸引力的文章。这里需要提醒的是，新用户登录时会获得免费金币，这些金币可用来支付智能工具的使用费用，但某些特定功能仅限于 VIP 用户使用。腾讯智影提供两种会员版本："高级会员版"，月费 38 元；"专业会员版"，月费 68 元。接下来，将详细介绍如何使用腾讯智影生成热点文章的操作步骤。

01 进入腾讯智影官网，注册并登录后进入如图6-45所示的页面。

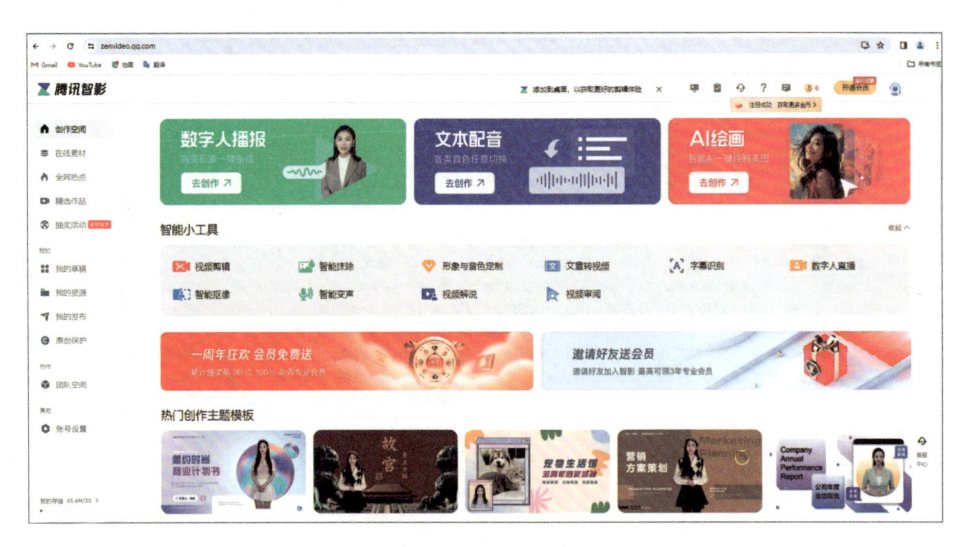

图6-45

02 点击"智能小工具"中的"文章转视频"按钮，进入如图6-46所示的页面。

图6-46

03 点击内容文本框右上角的"热点榜单"按钮，即可看到许多热点话题，热点榜单包括"社会""娱乐""财经""教育""体育""影视综艺"六个大类，每个大类实时更新着所选领域的热点信息，并附带热点配文，如图6-47所示。

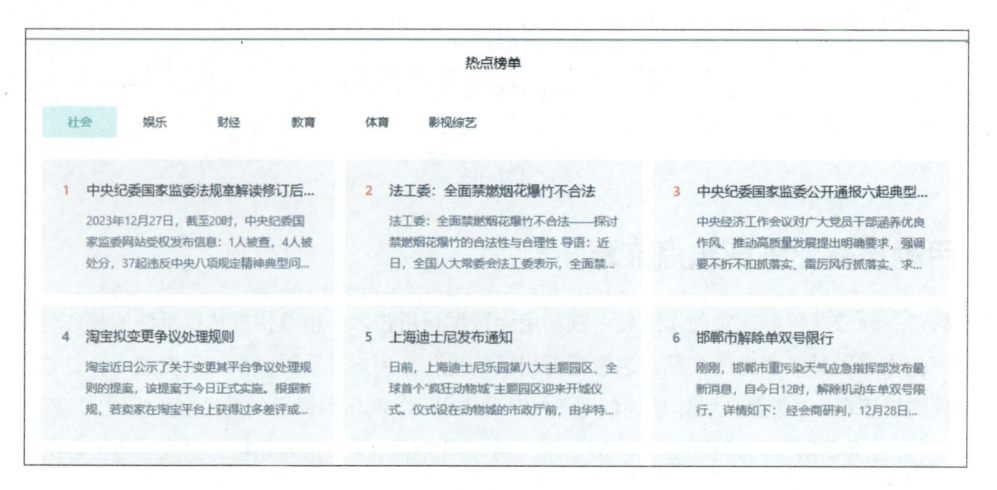

图6-47

04 选中相应的热点文章，点击"使用"按钮，即可用AI生成文章。此处选择了关于"东方甄选拟出售教育业务"的热点话题，AI生成的相关热点话题文章如图6-48所示。

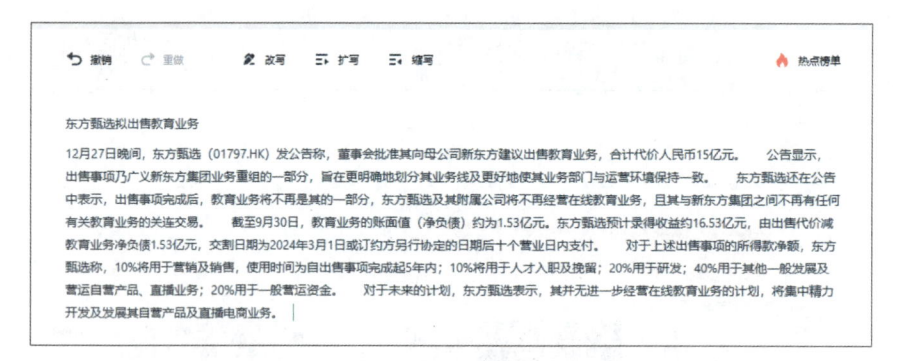

图6-48

05 如果对生成的热点文章内容不满意，点击上方菜单中的"改写"按钮，或者在上方输入改写意见后点击"AI改写"按钮，即可进行AI改写。改写完的热点文章如图6-49所示。

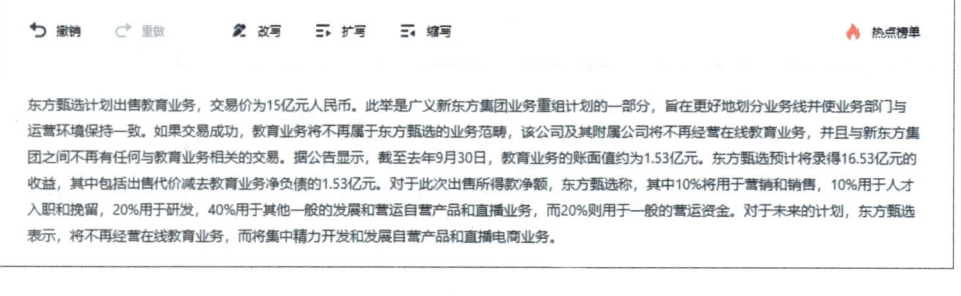

图6-49

第 7 章

掌握视频中音频素材的生成方法

7.1 文字转语音

短视频配音的重要性不言而喻，它能够将文本信息以语音的形式迅速且直接地传递给观众，相较于仅依赖视觉文字或图像，这种方式能显著提升信息传递的效率和理解度。

在AI技术日新月异的今天，利用AI工具进行文字转语音的操作，不仅能大幅提高工作效率、降低成本，还能满足用户对于个性化和多语言的需求，展现出极其重要的应用价值。接下来，将详细介绍两款能够实现文本转语音功能的AI工具。

7.1.1 用讯飞智作进行文字转语音

讯飞智作，作为科大讯飞旗下的人工智能内容创作与生产平台，致力于运用AI技术突破创作界限，为内容生产领域注入新活力。该平台集成了虚拟数字人制作、智能剪辑、AI配音以及虚拟主播等多重功能，为用户提供全方位的内容创作支持。

在配音服务领域，讯飞智作尤为出色，提供了包括合成配音、真人配音、广告宣传片配音以及短视频配音等在内的多样化服务。用户只需简单输入文字，即可迅速将其转化为语音。此外，平台还支持对语音参数进行灵活调整与优化，助力用户一键生成高品质的专业音频。接下来，将详细介绍如何利用讯飞智作进行文字转语音操作。

01 进入讯飞智作官网的首页，如图7-1所示。

图7-1

02 点击上方菜单中的"讯飞配音"按钮，进入AI配音界面，如图7-2所示。

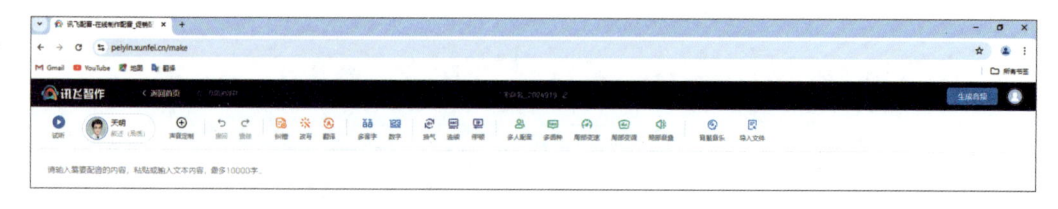

图7-2

03 在文本框中添加相关文本内容。文本添加的方式有两种，一种是直接复制粘贴到文本框中，另一种是点击上方的"导入文件"按钮，将文件中的文本导入文本框中，如图7-3所示。

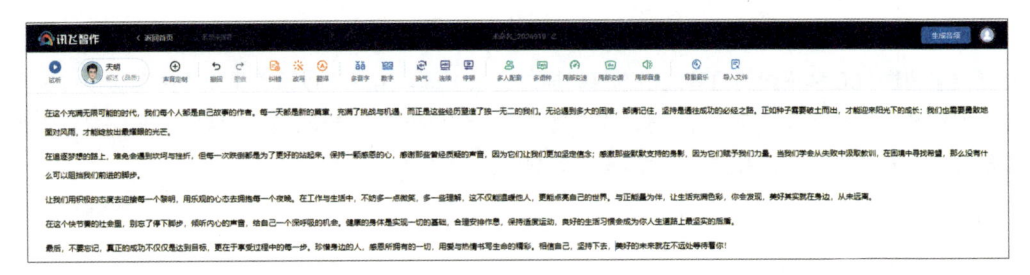

图7-3

04 点击左上方默认的配音头像图标，选择合适的配音风格，并进行相关配音参数设置。此处选择的配音风格和设置的相关参数如图7-4所示。

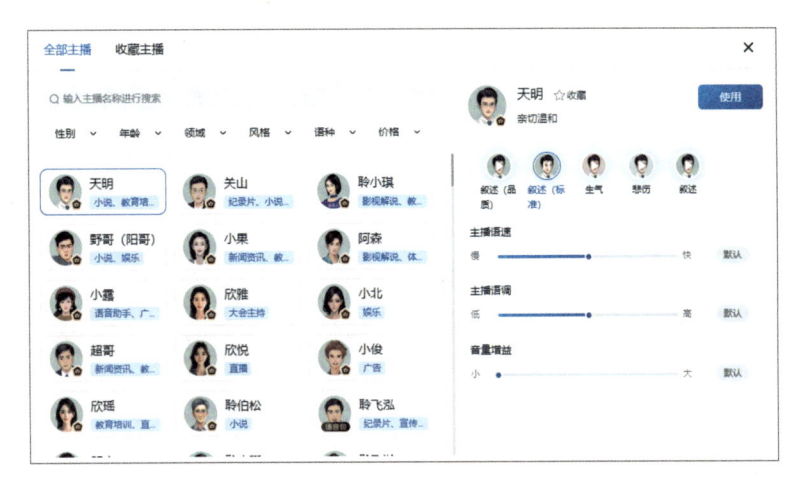

图7-4

05 点击右上方的"使用"按钮，即可选定所需的配音风格。随后，可利用上方的"纠错""改写""翻译"功能对文本进行精细润色。对于特殊的多音字和数字，可以通过"多音字"和"数字"功能设定确切读音。若需更细致调控配音效果，还可以使用"换气""连续""停顿"功能。此外，讯飞智作还提供了"局部变速""局部变调""局部音量"调整选项，并支持为配音添加背景音乐，以满足多样化的编辑需求。

06 配音设置完成后，点击右上方的"生成音频"按钮，即可生成配音。在导出配音时，可以选择生成音频文件的格式，以及是否同步生成srt字幕文件，如图7-5所示。

图7-5

161

7.1.2 用TTSMAKER进行文字转语音

TTSMAKER（马克配音）是一款功能强大的免费文本转语音工具，它提供高效的语音合成服务，支持多种语言，并提供了超过 300 种不同的语音风格选择。通过这款工具，用户可以轻松将文本内容转换成语音。无论是为视频添加配音，还是制作有声书籍，甚至是下载音频文件以供商业使用，TTSMAKER 都能满足需求。接下来，将详细介绍如何使用 TTSMAKER 进行文字转语音操作。

01 进入TTSMAKER官网首页，如图7-6所示。

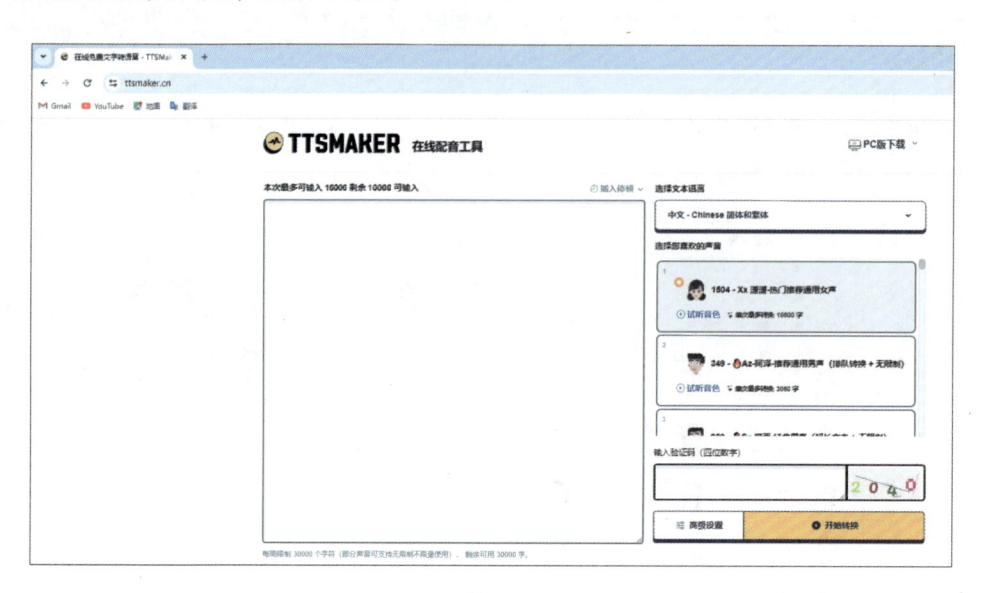

图7-6

02 在文本框中输入文本内容，TTSMAKER支持最多单次输入10000个字符进行文字配音，每周免费额度为30000个字符，足以满足日常配音需求。此处输入的文本内容如图7-7所示。

03 点击文本框右上角的"插入停顿"按钮，可以设置配音阅读文本的具体停顿时间，需要将鼠标指针放置到需要停顿的文本中间，然后选择具体的停顿时长，如图7-8所示。

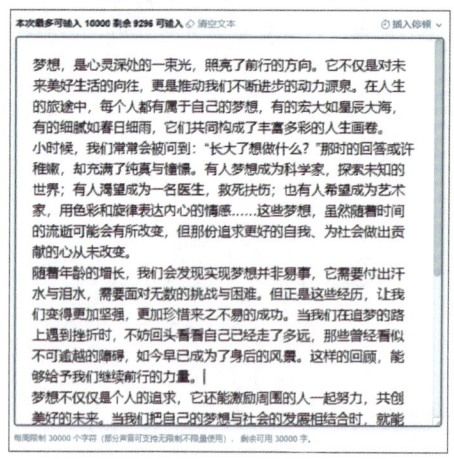

图7-7　　　　　　　　　　　　　图7-8

04 选择文本语言和喜欢的声音角色。此处选择了中文和"1508 - Fei 阿飞-热门通用/播音男声"的音色,如图7-9所示。

05 点击左下方的"高级设置"按钮,开启"试听模式"后,"开始转换"按钮会增加"试听50字模式"字样,输入数字验证码,点击"开始转换(试听50字模式)"按钮后,即可得到试听音频,如图7-10所示。

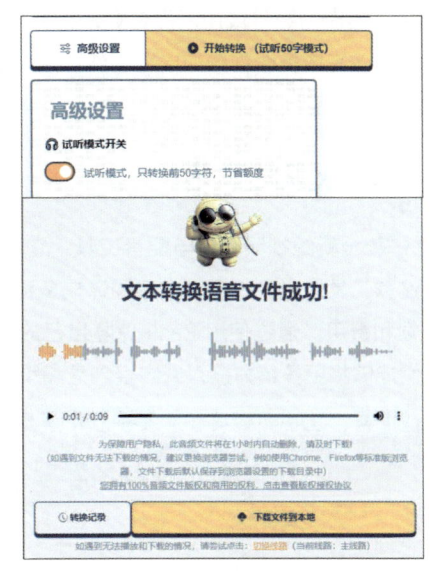

图7-9 图7-10

06 除此之外,在"高级设置"中,还可以添加背景音乐,设置下载文件的格式和MP3音频质量,调节配音的播放速度、音量大小以及音高,并能精确调整每个段落的停顿时间,具体操作如图7-11所示。

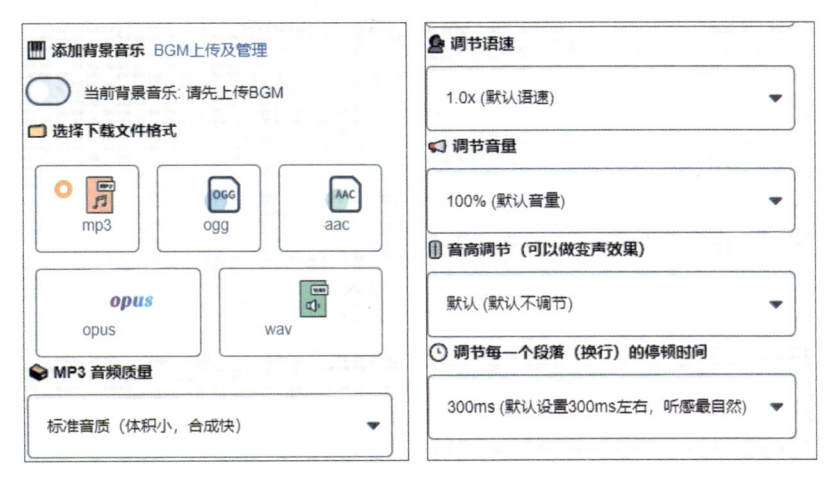

图7-11

07 完成相关配音设置调节后,关闭"试听模式",输入验证码,然后点击"开始转换"按钮,即可生成完整的音频。

请注意,所有音频文件的有效期仅为1小时,超过此时限后,系统将自动删除这些文件。因此,在使用过程中,务必及时下载所需音频文件,以避免因文件过期而带来的损失。

7.2 视频原声克隆

随着抖音、快手、B站等短视频平台的蓬勃发展，内容需求呈现爆炸式增长。批量生产的原声视频成为创作者们迅速充实内容库、抢占流量红利、实现多平台多账号同步运营的重要手段，尤其对于教育、娱乐、新闻资讯等需要大量更新的账号或团队而言更是如此。而AI工具的应用，则能够凭借预先准备的脚本和声音克隆技术，一次性高效完成多个视频的内容制作，从而大幅节省人力和时间成本。接下来，将通过介绍两款工具来详细阐述视频原声音克隆的操作方法。

7.2.1 用Rask克隆声音

Rask是一款全新的视频翻译与配音工具，它借助AI技术，集成了"文字转语音"和"语音克隆"等独特创新功能。这款工具能自动将视频内容翻译成多种语言，并能自动进行配音或克隆原声，从而省去聘请专业配音演员的麻烦和费用。通过使用Rask克隆自己的声音，创作者能批量生成原声视频，极大降低了人力和时间成本，使他们能够将更多精力投入到内容创意和策略的制定上。具体的操作步骤如下。

01 进入Rask官网，注册并登录后进入如图7-12所示页面。

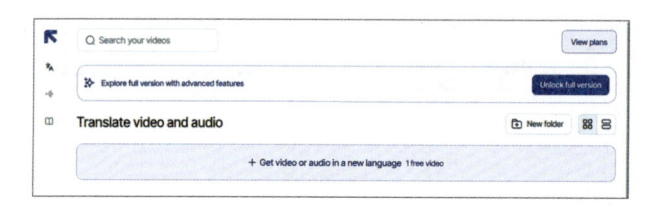

图7-12

02 点击Upload video or audio to reanslate（上传视频或音频进行翻译）按钮，进入如图7-13所示的页面。

03 点击Click to choose a file or drag and drop it here按钮（单击以选择文件或将其拖放到此处），上传的文件支持MP4、MOV、WEBM、MKV、MP3、WAV格式，上传后的视频页面如图7-14所示。

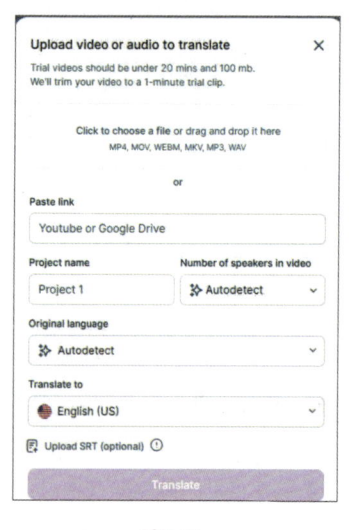

图7-13 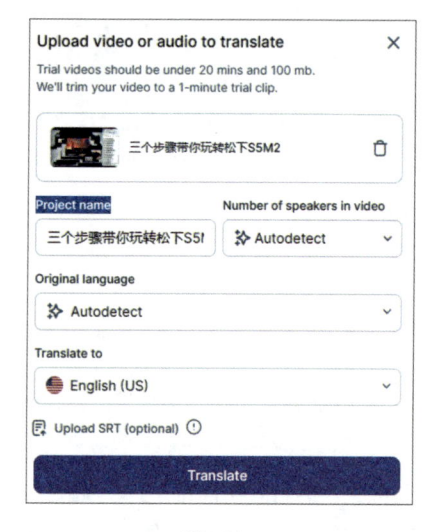   图7-14

04 点击Project name文本框，输入项目名称，如图7-15所示。

05 点击Number of speakers in video文本框，输入发言者的数量，可以设置成Autodetect让系统自动检测，此处设置为自动检测，如图7-16所示。

06 在Original language下拉列表中指定原视频的语言，一般选择Autodetect选项，最后在Translate to下拉列表中选择所要翻译成的语言，此处选择原视频翻译的语言为英语，如图7-17所示。

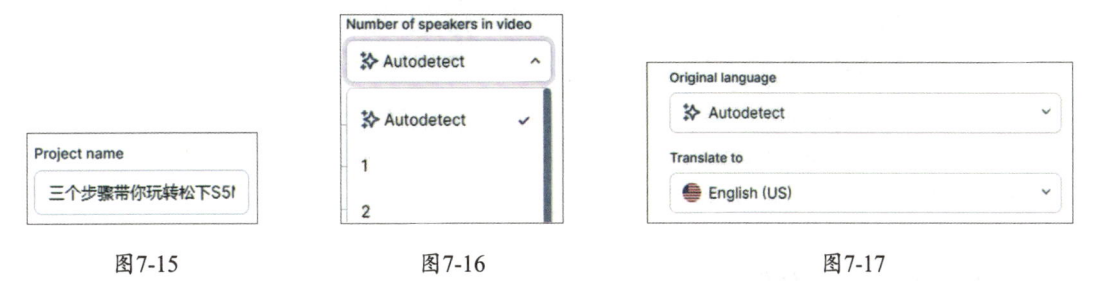

图7-15　　　　　　　　图7-16　　　　　　　　图7-17

07 点击下方的Translate按钮，翻译完成后会进入如图7-18所示的页面。在翻译过程中，AI可能会出现错误，例如，将相机型号S5M2错误地翻译成S-M-M-II，这时需要人工介入，对翻译结果进行优化和修正。完成修改后，点击下方的Save按钮以重新翻译文字。注意：普通用户只有3次免费生成的机会。

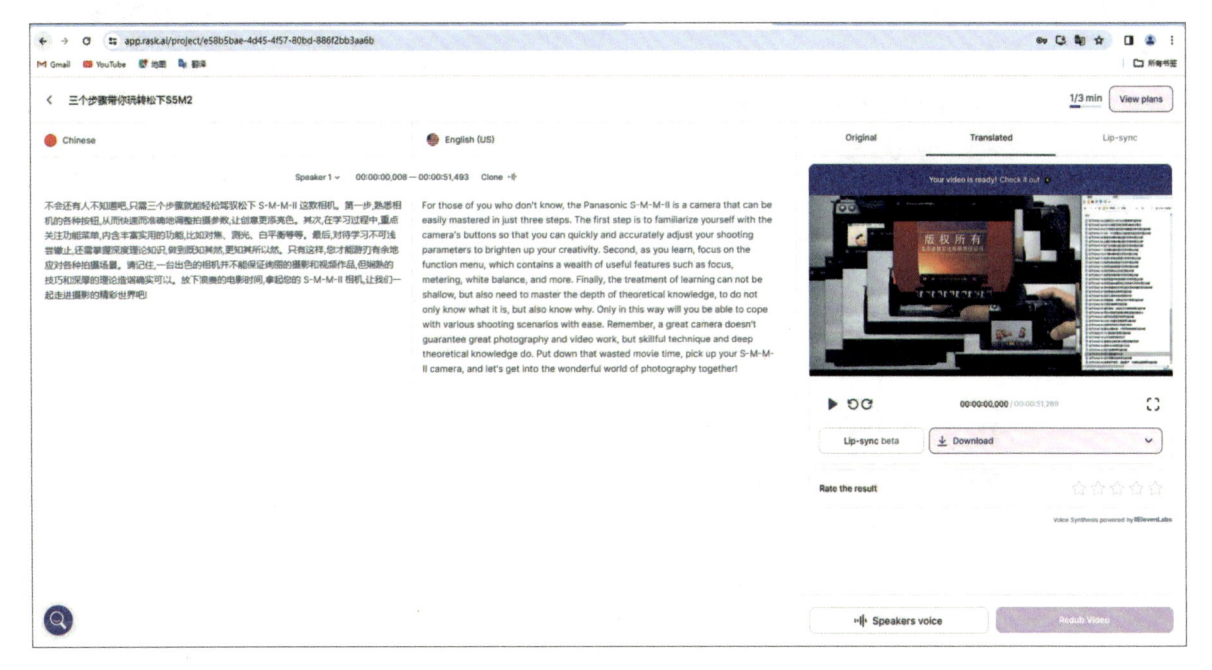

图7-18

08 在右侧编辑区点击Lip-Sync beta按钮，可以让视频中讲话者的嘴部动作与翻译后的声音相匹配，以获得更好的配音效果。

09 点击右侧编辑区下方的Speakers Voices按钮，选择讲话者的声音风格，选择Clone选项可以使用原视频讲话者的声音克隆原视频声音，如图7-19所示。

10 选择配音风格后，点击Redub video按钮，重新配音时需要对视频进行更改。

11 视频修改完成后，选择需要保存的视频类型，点击Download按钮保存视频，如图7-20所示。

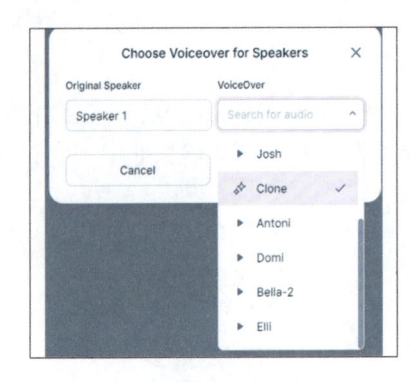

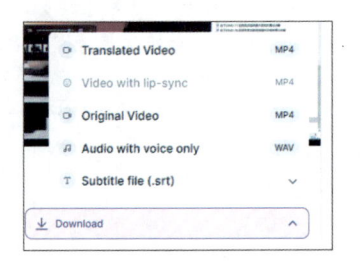

图7-19　　　　　　　　　　　　　　图7-20

7.2.2　用Speaking AI克隆声音

　　Speaking AI 是一款先进的工具，它运用大语言模型技术，能够将文本高效转化为语音。这款工具不仅能以自然的情感进行对话，还具备出色的语音克隆功能。它通过精准捕捉上传音频的音调、音高等关键特征，进而克隆并复现该声音。用户只需简单上传 10s 的人声音频，即可快速生成高度相似的语音克隆。具体的操作步骤如下。

01　进入Speaking AI官网的首页界面，登录邮箱账号，点击Try for free按钮，如图7-21所示。

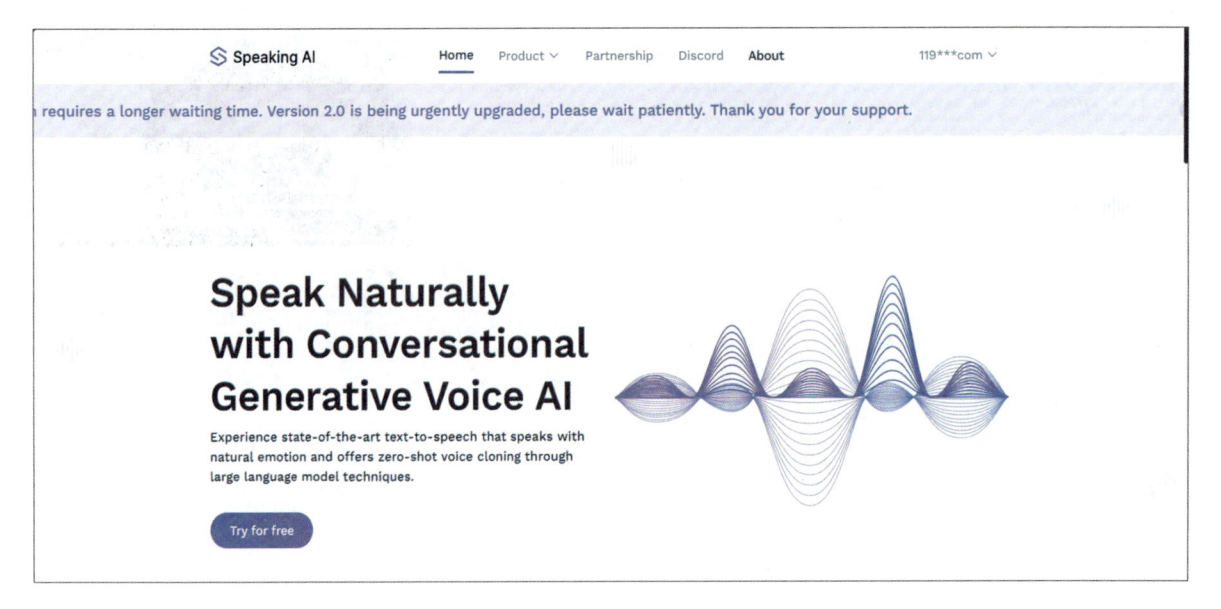

图7-21

02　在声音选项中，Speaking AI提供了5位名人的克隆声音，点击左侧名人头像，在右侧文本框中输入文字便可进行试用，如图7-22所示。需要注意的是目前文本仅支持英文和中文，单次输入上限为50个字。

03　选择声音点击下面的"加号"按钮，可以上传声音并进行克隆。点击左侧的Record按钮可以在线录制10s音频，点击右侧的select file按钮，可以上传小于10MB的文件，如图7-23所示。

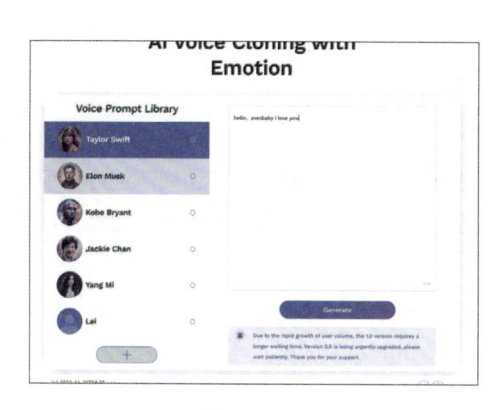

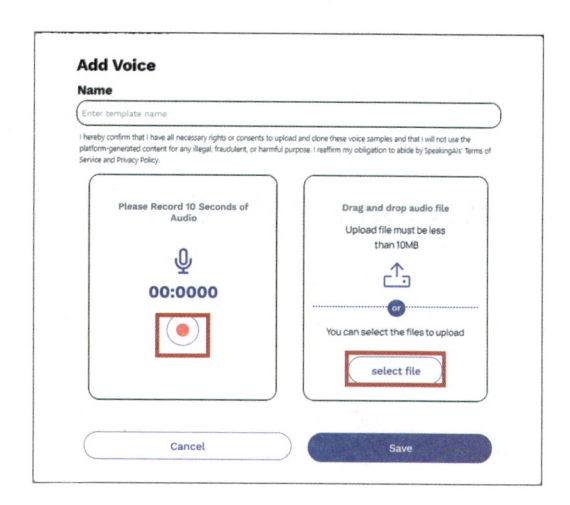

第 7 章 掌握视频中音频素材的生成方法

图7-22

图7-23

04 输入语音名字后，点击Save按钮保存，即可在左侧选择使用此克隆声音进行操作。

05 生成速度受文字字数以及计算机配置的影响，时间过长需要等待片刻，并且每天使用的免费次数有限，所以要把控声音克隆的字数。最终生成的音频将在工作区下方显示，点击试听，确认无误后即可下载，如图7-24所示。

图7-24

7.3 多语种音频翻译

将短视频翻译成多种语言对于全球传播、扩大受众群体、提升商业价值、实现教育资源共享以及提高内容可达性等方面都具有举足轻重的意义。这一过程能够让短视频触及更广泛的受众，从而有效增加视频的观看量和影响力。然而，依赖人工进行多语种短视频翻译常常受到语言障碍和时间成本的制约。

随着 AI 技术的不断进步，我们现在可以利用 AI 工具高效地生成多语种音视频，显著缩短制作周期，并大幅降低人力成本。接下来，将介绍两款 AI 生成工具，并详细讲解如何利用它们进行多语种音频翻译操作。

7.3.1 用GhostCut生成多语种视频

GhostCut 是一款先进的视频剪辑软件，它充分运用了 AI 技术，能够对音视频的各个细节进行精细化的优化处理。这款软件实现了包括智能去除文字水印、视频翻译、视频擦除、视频去重等多种实用效果，从而大幅提升了视频处理的效率。

在视频语言翻译方面，GhostCut 提供了两项强大的功能：一是通过识别原视频的语音进行翻译，二是通过识别原视频中的文字进行翻译。接下来，将详细讲解这两项功能的具体操作步骤。

01 进入GhostCut官网，注册并登录后进入如图7-25所示的页面。

图7-25

02 点击"视频翻译"按钮，进入如图7-26所示的页面。

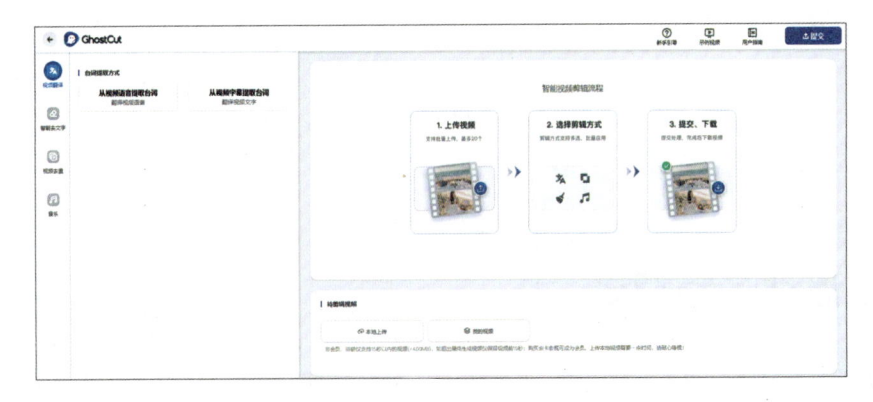

图7-26

03 在右侧编辑区上传需要翻译的原视频,如图7-27所示。注意:非会员仅支持15s以内的视频(<400MB),如超出,最终生成视频仅保留视频的前15s;购买点卡套餐可成为会员。

图7-27

04 点击"从视频语音提取台词"按钮,进入如图7-28所示的界面。

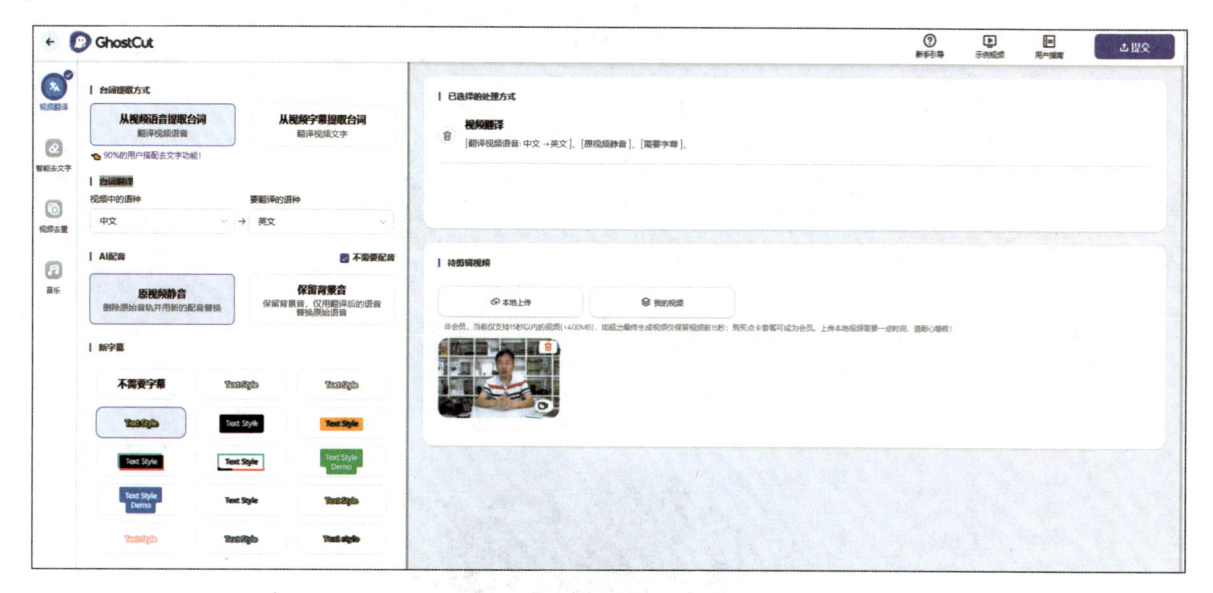

图7-28

05 选择原视频的语种和要翻译的语种,如图7-29所示。

06 选择配音风格,注意GhostCut中无法克隆自己的声音进行翻译,只能选择默认的AI配音,如图7-30所示。

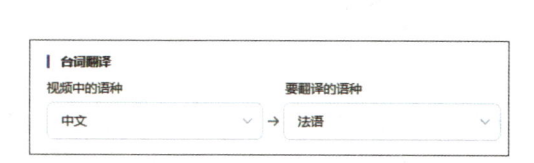

图7-29

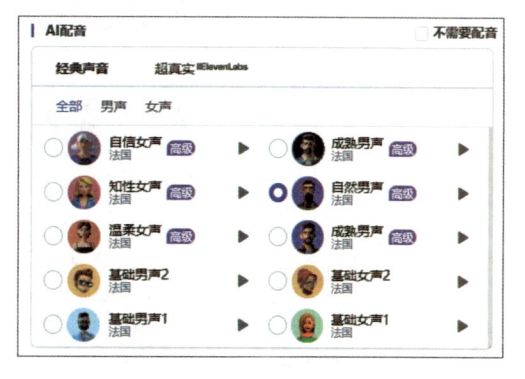

图7-30

07 根据需求选择"原视频静音"或"保留背景音",如图7-31所示。

08 根据需求选择字幕效果,此处设置的字幕效果如图7-32所示。

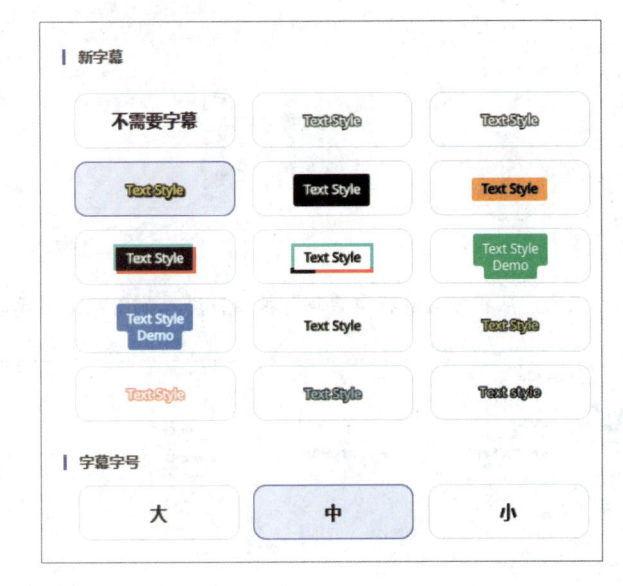

图7-31

图7-32

09 点击右上角的"提交"按钮,即可生成新音频的视频,如图7-33所示。

图7-33

7.3.2 用剪映专业版生成多语种视频

剪映专业版所推出的视频翻译功能,极大地简化了多语言视频内容的处理流程。该功能支持包括中文、英文、日文和韩文等在内的多种语言之间的灵活转换。它不仅能精准翻译视频中的语音内容,还能对字幕进行同样高效的翻译处理。接下来,将详细阐述如何利用剪映生成多语种视频的具体操作步骤。

01 打开剪映专业版软件，进入如图7-34所示的界面。

图7-34

02 点击"视频翻译"按钮，进入如图7-35所示的界面。

03 上传需要翻译的视频文件，上传后如图7-36所示。

图7-35　　　　　　　　　　　　　图7-36

04 在右侧选择原始语言和翻译语言，如图7-37所示。

05 点击"去翻译"按钮，即可进入视频翻译界面。需要注意的是，在视频翻译之前需要对声音进行本人验证，如图7-38所示。

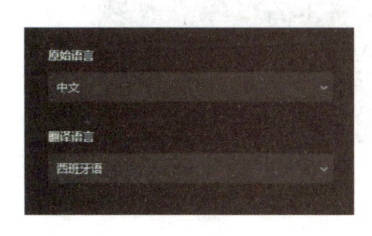

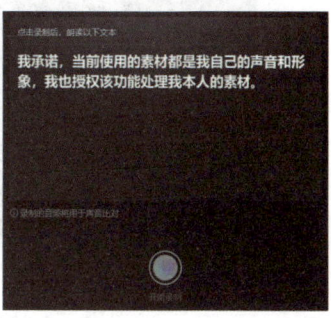

图7-37　　　　　　　　　　　　　图7-38

7.4 使用AI创作音乐类素材

音乐，作为情感的传递媒介，当与视频内容的主题和情感色彩相契合时，能够迅速触动观众的心弦，使他们与视频产生强烈的情感共鸣，进而被深深吸引并建立深厚的情感联系。然而，对于大多数人而言，创作一首完整的、个性化的歌曲是一项极具挑战性的任务。

幸运的是，随着 AI 技术的不断进步，利用 AI 生成个性化的歌曲已经变得既简单又便捷。AI 能够学习和融合多样化的音乐风格，跨越文化和语言的界限，创作出既富有创新性又满足听众审美需求的多元化音乐作品，从而为短视频创作增色添彩。接下来，将通过介绍两款 AI 工具，详细阐述音乐类素材的创作方法。

7.4.1 用海螺AI创作个性化音乐

海螺 AI 已在前文详尽介绍过，此处不再赘述。接下来，将具体阐述使用海螺 AI 生成音乐的详细操作步骤。

01 进入海螺AI官网的首页，如图7-39所示。

图7-39

02 点击"创作音乐"按钮，进入图片创作界面，如图7-40所示。

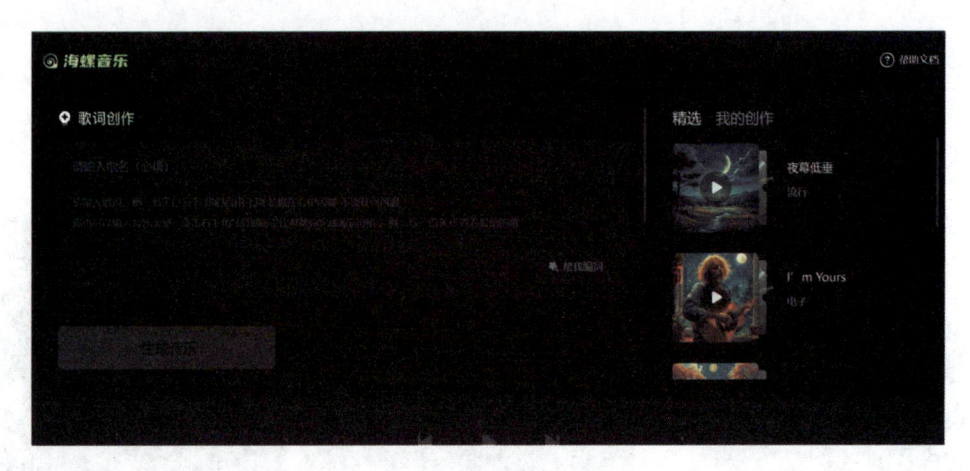

图7-40

03 在歌词创作文本框中输入歌名和歌词文本，如图7-41所示。

04 点击右下方的"帮我编词"按钮,即可生成新的歌词内容,如图7-42所示。

图7-41　　　　　　　　　　　　　　　图7-42

05 选择音乐的曲风,此处选择了"流行"音乐曲风,如图7-43所示。
06 点击左下方的"生成音乐"按钮,即可生成流行歌曲,如图7-44所示。

图7-43　　　　　　　　　　　　　　　图7-44

7.4.2　用海绵音乐创造个性化音乐

　　海绵音乐是字节跳动公司精心打造的一款 AI 音乐创作平台,该平台凭借尖端的 AI 技术,能够生成极具个性化的音乐作品。其核心理念在于助力用户迅速创作出独具匠心的音乐作品。通过提供多样化的音乐风格和情感模板,海绵音乐极大地降低了音乐创作的门槛,使即便没有专业音乐背景的人也能轻松创作出专属自己的音乐。接下来,将详细展示通过海绵音乐创作个性化音乐的具体操作步骤。

01 进入海绵音乐官网首页,如图7-45所示。

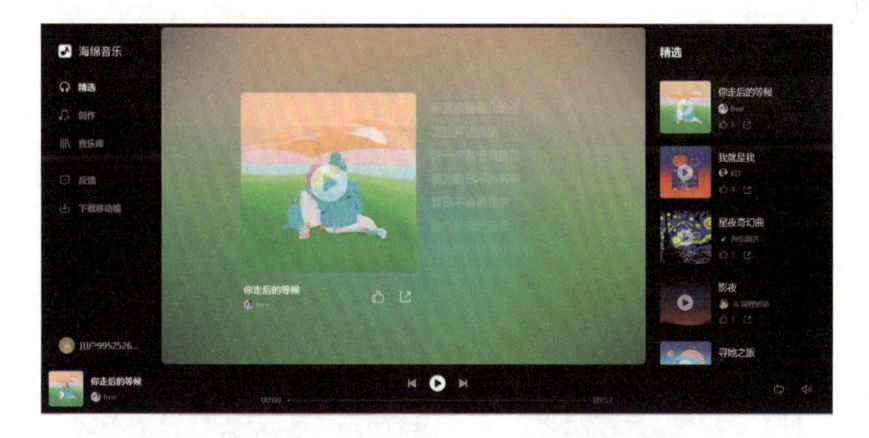

图7-45

02 点击左侧菜单中的"创作"按钮,进入音乐创作界面,如图7-46所示。

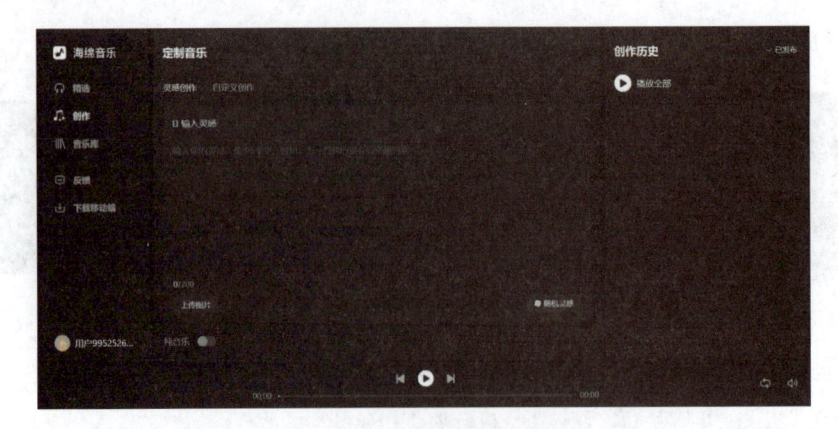

图7-46

03 在灵感文本框中，输入创作歌曲的相关灵感，也可以点击文本框右下方的"随机灵感"按钮，自动生成灵感文字，此处输入的内容为"写一首只是当时已惘然的歌"。

04 点击"上传图片"按钮，即可上传灵感图片，如图7-47所示。

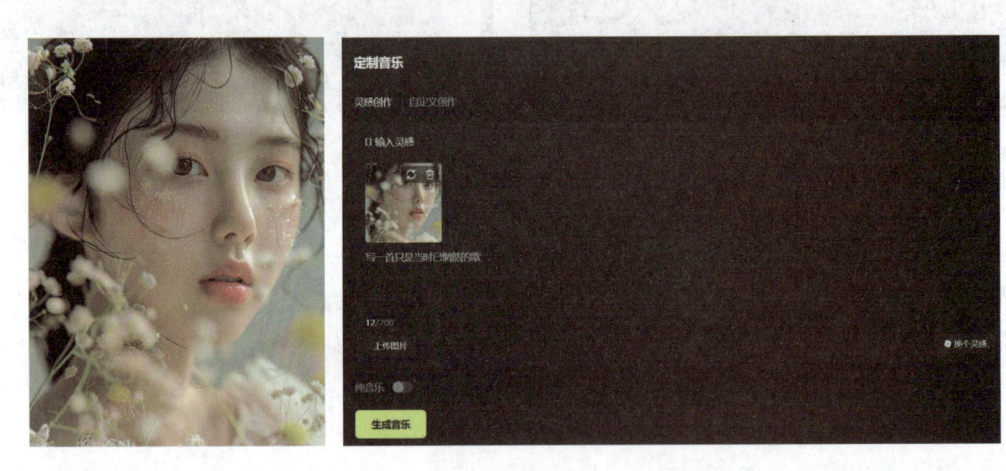

图7-47

05 点击左下方的"生成音乐"按钮，即可生成3首不同的音乐，如图7-48所示。点击歌曲名字，展开相应的歌词，如图7-49所示。

图7-48 　　　　图7-49

06 点击左侧的"改编"按钮，即可对生成的音乐进行更细致地改编，如图7-50所示。

图7-50

07 点击"灵感生词"按钮，即可重新生成歌词，如图7-51所示。

08 设置相关曲风、心情、音色，此处选择了"民谣"曲风、"伤感"心情、"女生"音色，如图7-52所示。

图7-51　　　　　　　　　图7-52

09 点击"生成音乐"按钮，即可生成新的音乐文件，如图7-53所示。

图7-53

第 8 章

掌握视频中图片素材的生成方法

第 8 章 掌握视频中图片素材的生成方法

在创作 AI 视频的过程中，我们经常需要借助各类参考图来辅助制作。此时，利用 AI 技术生成图片素材显得尤为重要，因为它能迅速将创作者抽象的灵感转化为具体可视的作品，从而大幅提升创作效率。然而，在这一过程中，我们必须确保所生成的图片在美学水准、可控性、生成速度、角色一致性以及最终呈现效果等方面都能达到较高的标准。鉴于市场上众多的 AI 图像生成软件在性能方面各有特色，本章将从美学水准、可控性、生成速度和易用性这四个关键维度出发，详细介绍几款主流软件的操作方法。

8.1 美学水准

确保 AI 生成的图片具备高美学水准是至关重要的，因为只有参考图片具有一定的美学品质，最终生成的视频才能更加吸引观众的目光。在众多 AI 绘画工具中，Midjourney 以其出色的美学表现脱颖而出。相较于其他工具，Midjourney 生成的图片不仅美感和视觉冲击力更强，而且为创作者提供了广泛的调整空间。创作者可以通过修改关键词、选择不同的风格标签，甚至引入特定的参考图片来精准控制输出内容，从而制作出具有独特美感的图片。接下来，将展示一系列通过 Midjourney 生成的、具有高美学水准的图片素材。

1. 山水风光摄影风格

山水风光摄影风格示例如图8-1所示。

提示词：Tibetan Plateau,The last rays of the evening shine on the snowy summit from the side and back, wide-angle shooting, there are herds of yaks underground, upward shooting perspective, 6700k --ar 1:1 --v 6

提示词：On Mount Emei, clouds and mists are shrouded and tourists climb along the mountain road, parallax photography, disney style, 64K, high detail --v 6

提示词：photorealistic snow peak volcano eruption --ar 1:1 --v 6

提示词：There is a boat on the surface of Qinghai Lake, and there are snow mountains and green grasslands in the distance, slice perspective, Space, 64K, HDR --v 6

图8-1

2. 海洋摄影风格

海洋摄影风格示例如图8-2所示。

提示词：A magnificent view of the sea from the bird's point of view, high speed photography, primitivism, 32K, hyper quality --ar 1:1 --v 6

提示词：From a bird's eye view, a small boat was struggling in the rough sea, vignetting photography, rococo style, 4K, hyper quality --ar 1:1 --v 6

图8-2

3. 星空摄影风格

星空摄影风格示例如图8-3所示。

提示词：A map showing the major cities of the world, star trail photography, Expressionism, 4K, HDR --chaos 50 --ar 1:1 --stylize 800 --v 5.2

提示词：A starry night sky, High angle view, use filter photography, artistic magicism, 8K, HDR --ar 1:1 --v 6

图8-3

4. 极光摄影风格

极光摄影风格示例如图8-4所示。

提示词：A high-tech agricultural facility that demonstrates modern agricultural techniques, star trail photography, knitted style, 16k, high detail --ar 1:1 --v 6

提示词：an ancient aurora from across the universe finally appearing in the sky over the frozen forest in northern Canada, tom thomson style --chaos 20 --style raw --v 6

图8-4

5. 建筑景观风格

建筑景观风格示例如图8-5所示。

提示词：Minimalist architectural style, dominated by straight lines and geometric shapes, without excessive decoration and details, highlight color contrast photography, Graphic Novel, UHD, high resolution --ar 1:1 --v 6

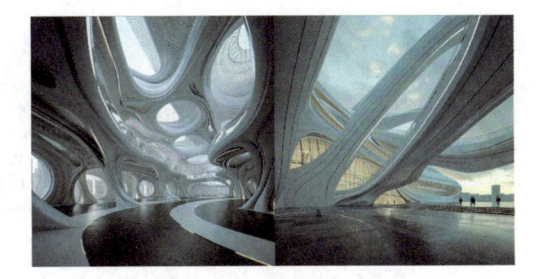

提示词：scientific and technological buildings, futuristic, curve-based buildings, white buildings, epic sci-fi scenes, masterpieces,realistic photograph, octane render ,V-Ray render three times, atmospheric, volumetric lights, Cinematic,delicate , by Zaha Hadid,, realistic photograph, atmospheric --ar 1:1 --v 6.0

图8-5

6. 国风美女风格

国风美女风格示例如图8-6所示。

提示词：3d beautiful chinese girl 2d animation film, Unimaginable beauty, in the style of loretta lux, classical academic painting, exquisite clothing detail, ren hang, emil carlsen, blue and light white, Oriental classical beauty, uniformly staged images --ar 3:4 --stylize 200 --niji 6

图8-6

7. 可爱毛毡风格

可爱毛毡风格示例如图8-7所示。

提示词：A cute boy, short hair, big eyes --sref 680572301 --personalize kzilt9y --stylize 1000 --ar 1:1 --v 6.0

图8-7

8. 运动IP形象风格

运动 IP 形象风格示例如图8-8所示。

提示词：a cartoon girl, wearing green sportswear, running fitness, green backgroun, in the style of interactive pieces, Rim lighting, soft gradients, charming illustrations, daz3d, animated gifs, azure, award-winning, shiny/glossy,ue5, hallyu, bold character designsrealistic impression --ar 3:4 --niji 6

图8-8

8.2 生图可控性

在AI生成图片素材的过程中，可控性是一个不容忽视的关键因素。它指的是创作者在使用AI生成图片时，能够在多大程度上引导和操控AI系统，以确保生成的图片符合预期或满足特定需求。良好的可控性意味着创作者能够自如地调整所生成图像的诸多方面，从而实现个性化的创作目标。目前，市场上的一些绘画平台，诸如Liblib AI、即梦以及商汤秒画等，均在可控性方面表现出色。接下来，将通过详细介绍这三种具备较高可控性的AI绘画工具，来阐释图片素材生成的具体方法。

8.2.1 用Liblib AI控制生图

Liblib AI（哩布哩布AI）是一个专注于AI创作与设计的综合性平台。它利用尖端的AI技术，为用户提供丰富的AI模型资源，旨在帮助创意工作者、产品设计师、游戏开发者等将创新想法和设计理念变为现实。该平台汇聚了超过10万个AI模型资源，涵盖绘画、商品摄影、图像生成等多个领域，全面满足各类用户的创作需求。接下来，将通过一个实例——将动漫人物图像转换为真人图像，来详细阐述在Liblib AI中如何使用图生图功能生成图片素材的具体操作步骤。

01 进入Liblib AI官网，注册并登录后进入Liblib AI首页，如图8-9所示。

02 点击"在线生成"按钮，在"图生图"菜单的"图生图"选项中，点击上传准备好的动漫人物图片，此处上传的动漫人物图片如图8-10所示。

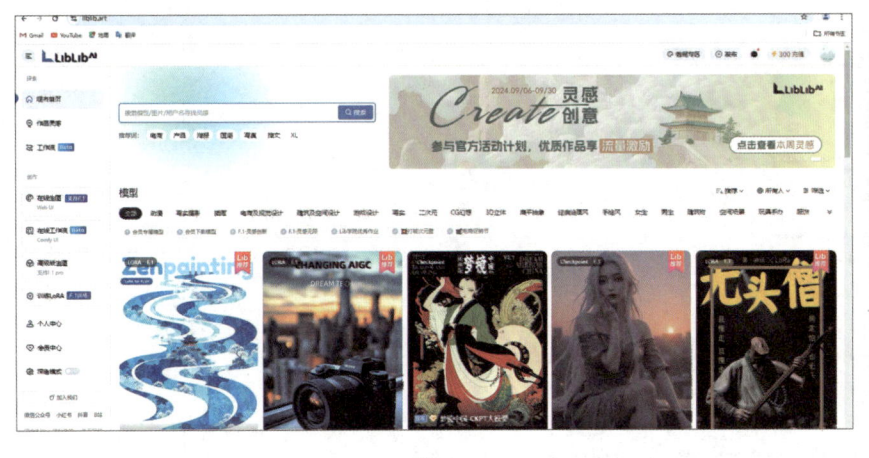

图8-9　　　　　　　　　　　　　　　　图8-10

03 在左上方的CHECKPOINT选项中，添加"majicMIX realistic 麦橘写实_v7.safetensors"大模型，并设置VAE为"自动匹配"，"CLIP跳过层Clip Skip"值设为2，如图8-11所示。

图8-11

04 点击"DeepBooru反推"按钮，使用提示词反推功能，从上传的图片中反推出正确的提示词。之后，再补充一些有关画面质量的提示词。此处输入提示词的是1girl, black hair, cloud, cloudy sky, hair flower, hair ornament, long hair, mountain, ocean, outdoors, sky, solo, upper body, realistic, Fujifilm XT3, 8k uhd, masterpiece, best quality, super wide angle, 1girl, hanfu, best fingers, facing viewer, full frontal, magnificent, celestial, detailed，如图8-12所示。

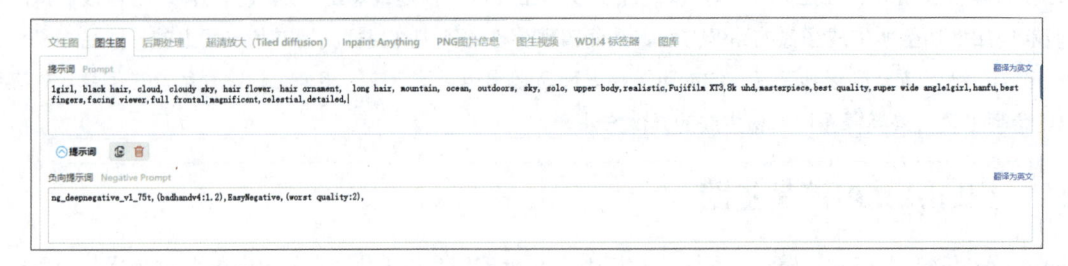

图8-12

05 "缩放模式"选择"拉伸"，"采样方法 Sampler method"选择Euler a，设置"迭代步数 Sampling Steps"值为25，选中"面部修复"复选框，尺寸与原图保持一致，这里是512×768，设置"提示词引导系数CFG scale"值为7，"重绘幅度Denoising"值为0.70，其他设置默认不变，如图8-13所示。

图8-13

06 展开ControlNet选项，选中"启用"和"允许预览"复选框，点击上传动漫人物图片，Control Type选择Canny选项，"预处理器"选择canny（边缘检测）选项，模型选择control_v11p_sd15_canny，其他参数默认不变，具体设置如图8-14所示。

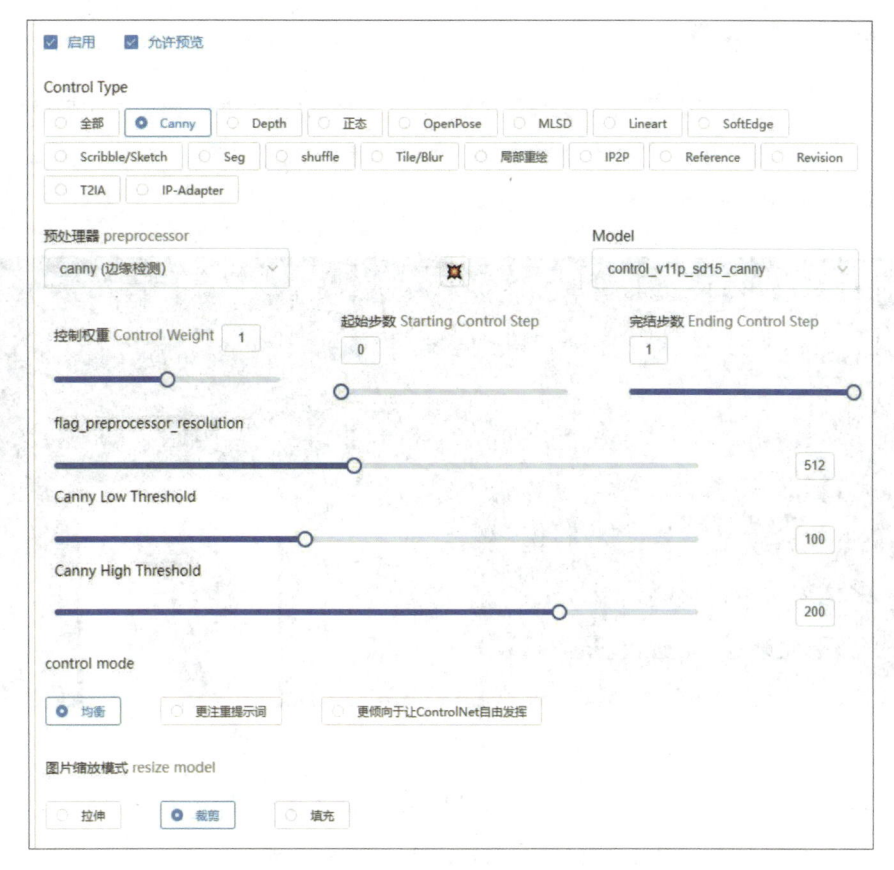

图8-14

07 点击▣按钮，生成预览图，如图8-15所示。

08 点击右上方的"开始生图"按钮，即可得到真人效果图，如图8-16所示。

图8-15   图8-16

8.2.2 用即梦控制生图

即梦的相关介绍已在前文详细阐述,此处便不再赘述。本节将重点探讨即梦的图片生成功能,具体的操作步骤如下。

01 进入即梦首页,如图8-17所示。

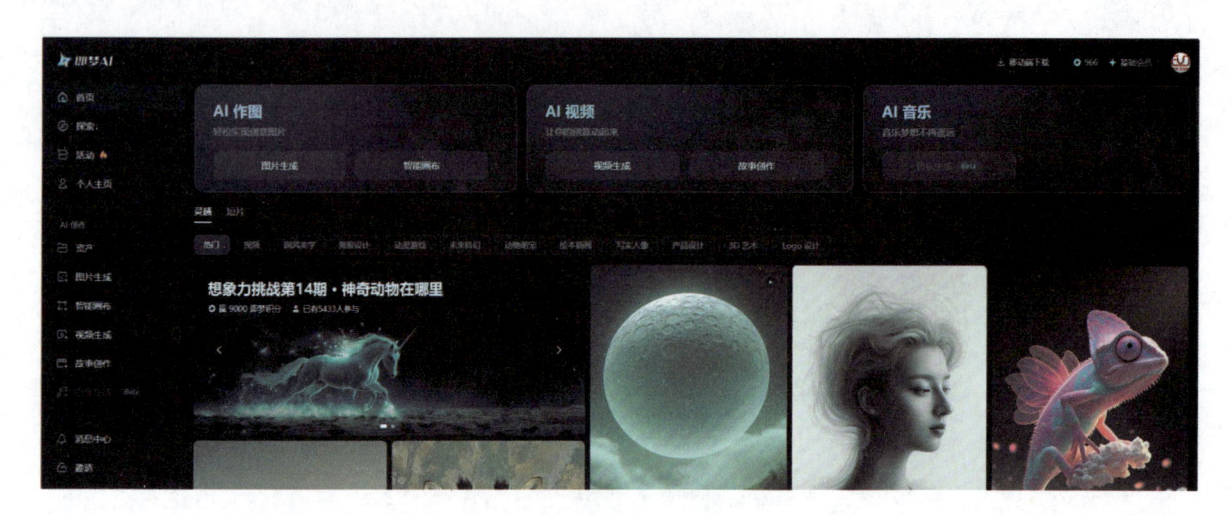

图8-17

02 点击"AI作图"中的"图片生成"按钮,进入如图8-18所示的界面。

03 点击"导入参考图"图标,上传参考图,此处上传的图片如图8-19所示。

图8-18 　　　　图8-19

04 选择参考图片的参考选项时,可以考虑图片的主体、人物长相、角色特征、风格特征、边缘轮廓、景深以及人物姿势等多个方面。此处选择了"人物长相"作为参考选项,如图8-20所示。

第 8 章 掌握视频中图片素材的生成方法

图8-20

05 点击"保存"按钮后，文本框会显示相关内容，如图8-21所示。

06 在文本框中输入想要生成的单人场景提示词，此处输入的提示词为："夕阳西下，女孩穿着白色长裙在海边，长发飘飘，身后有一群鸟儿飞过。"如图8-22所示。

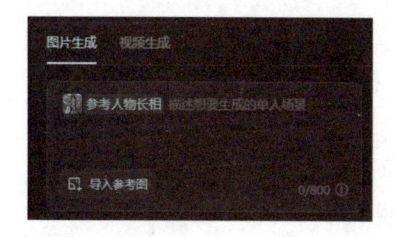

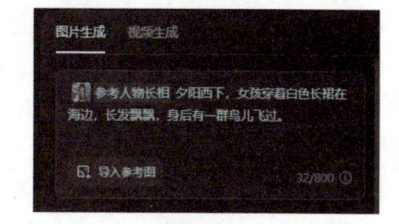

图8-21　　　　　　　　图8-22

07 选择"生图模型"为"即梦 通用v2.0"，设置"精细度"值为6、图片比例为3:4，如图8-23所示。

08 点击"立即生成"按钮，即可生成效果图片，生成的图片如图8-24所示。

图8-23　　　　　　　　图8-24

即梦其他参考选项的参考效果如下。

185

1. 参考主体

　　上传的参考图如图8-25所示,相关设置参考图8-26所示,得到的效果如图8-27所示。

图8-25 　　　　　　　　　　　　　图8-26

图8-27

2. 参考角色特征

　　上传的参考图如图8-28所示,相关设置参考图8-29所示,得到的效果如图8-30所示。

图8-28 　　　　　　　　　　　　　图8-29

图8-30

3. 风格特征

上传的参考图如图8-31所示，相关设置参考图8-32所示，得到的效果如图8-33所示。

图8-31   图8-32

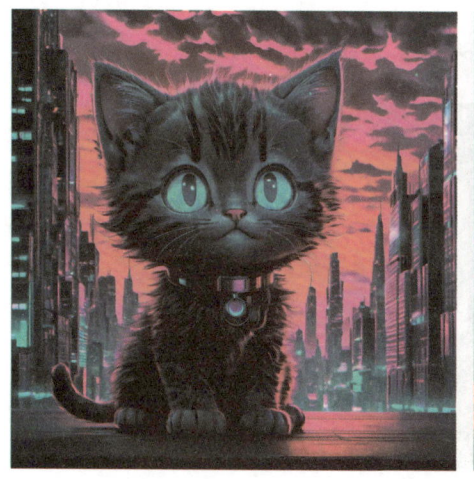

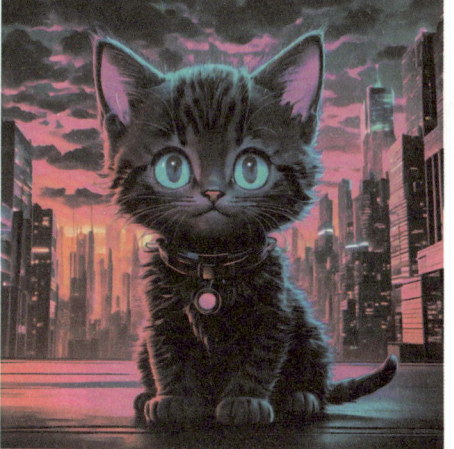

图8-33

4. 边缘轮廓

上传的参考图如图8-34所示，相关设置参考图8-35所示，得到的效果如图8-36所示。

图8-34 　　　　　　　　　　　　　　图8-35

图8-36

5. 景深

上传的参考图如图8-37所示，相关设置参考图8-38所示，得到的效果如图8-39所示。

图8-37 　　　　　　　　　　　　　　图8-38

图 8-39

6. 人物姿势

上传的参考图如图 8-40 所示,相关设置参考图 8-41 所示,得到的效果如图 8-42 所示。

图 8-40

图 8-41

图 8-42

8.2.3 用商汤秒画控制生图

商汤秒画是商汤科技公司推出的免费 AI 绘画创作平台,它基于自研的拥有 70 亿参数的 Artist 作画大模型。该平台操作简便,创作者能够轻松定制并生成图片。商汤秒画不仅支持通过文字提示生成图片,也支持以图生图的方式,结合精准的控制功能和多样的风格模型,使用户可以轻松创作出高质量的画作。

接下来，将详细讲解通过商汤秒画平台生成图片的操作过程。

01 进入商汤秒画官网，注册并登录后进入如图8-43所示的界面。

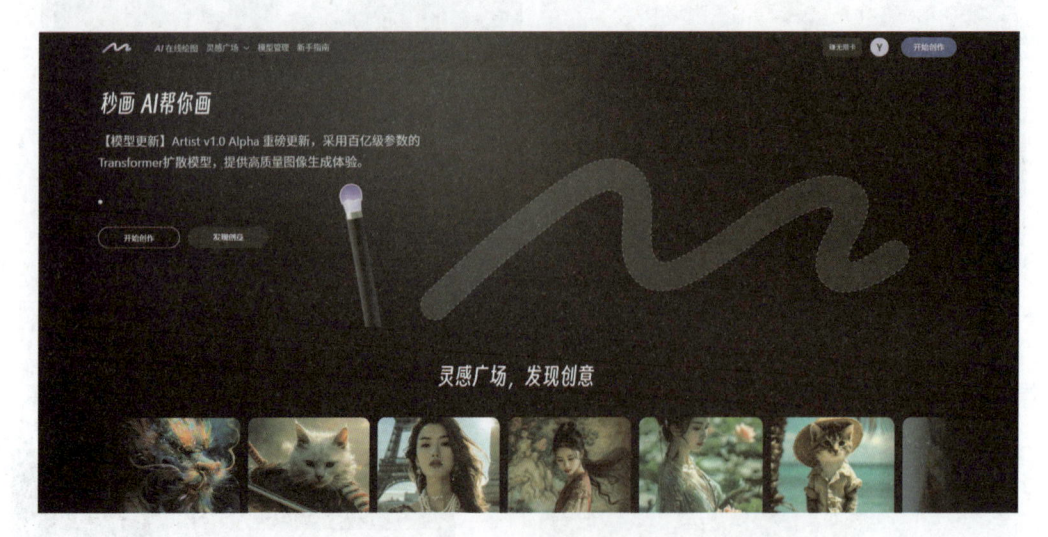

图8-43

02 点击"开始创作"按钮，进入如图8-44所示的界面。需要注意的是，商汤秒画的普通用户一天只能生成10幅图像。

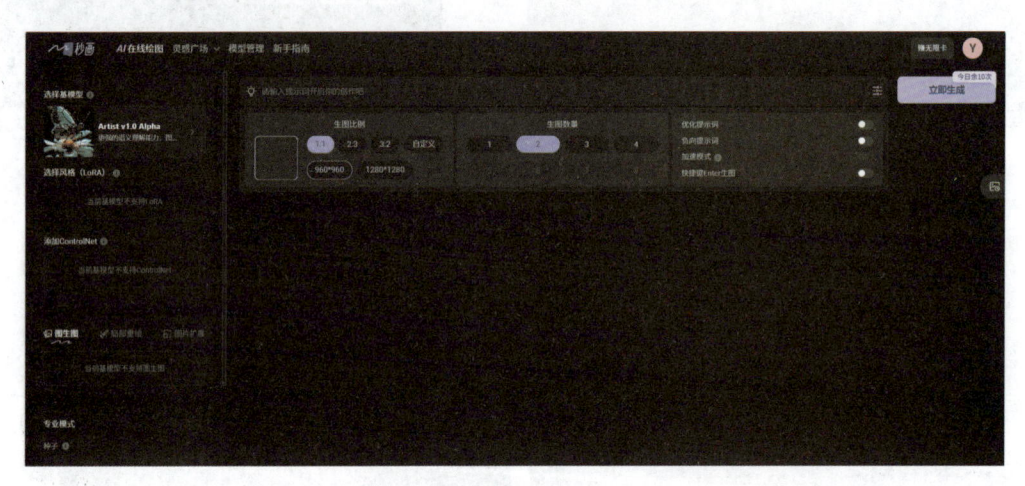

图8-44

03 若想创作一幅盲盒风格的小男孩公仔图像，在文本框中输入"一个小男孩，黑色头发，戴着耳机，可爱风格"的提示词，如图8-45所示。

图8-45

04 点击左侧的模型图标，进入模型挑选界面，如图8-46所示。

图8-46

05 若想使用LoRA、ControlNet、图生图、局部重绘功能，在挑选模型时，需要选中"功能支持"复选框，再选中相应复选框，如图8-47所示。此处选择了"blindbox/大概是盲盒_blindbox_v1_mix"的模型，如图8-48所示。

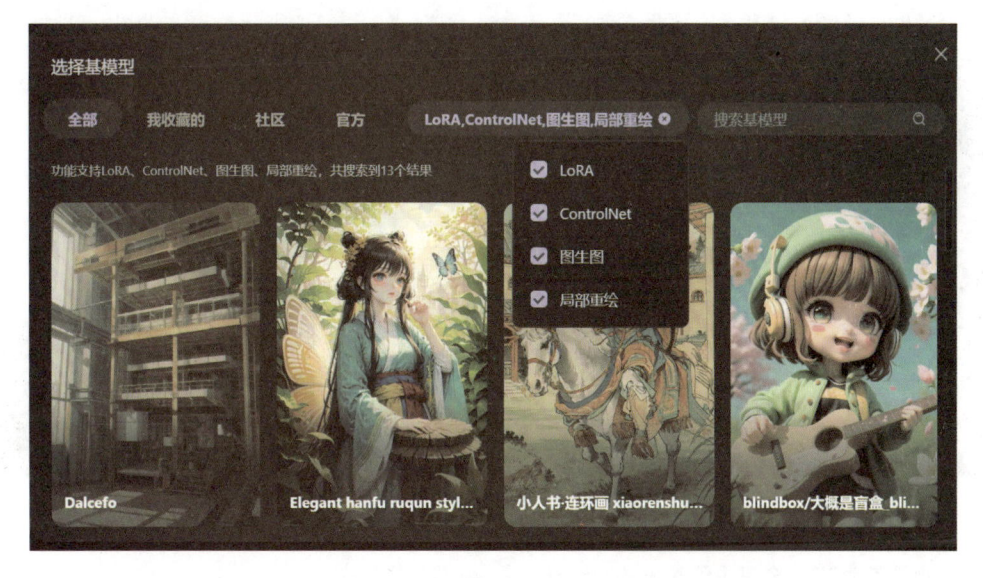

图8-47

图8-48

06 添加ControlNet并上传图片，此处上传的图片如图8-49所示，选择"姿势控制"选项，并设置"控制网络权重"值为0.6，如图8-50所示。

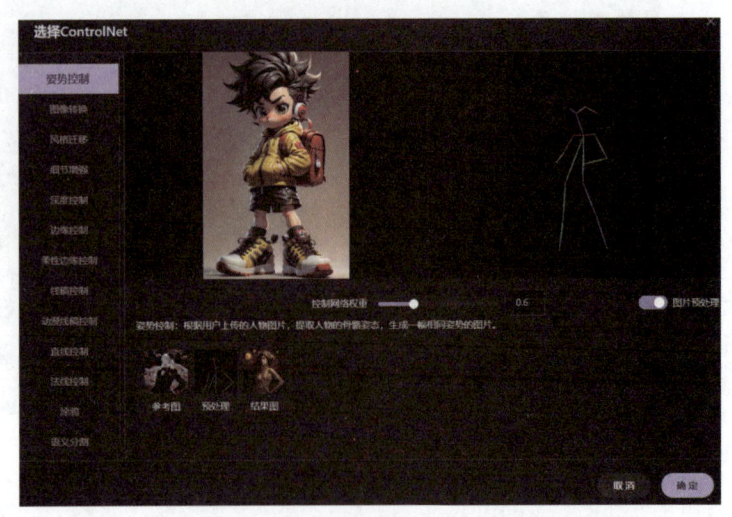

图8-49　　　　　　　　　　　　　　　图8-50

07 点击"确定"按钮，即可保存ControlNet相关设置，在"图生图"菜单栏中上传相应的参考图，设置"重绘幅度"值为0.6，如图8-51所示。设置"步数"值为50，"文本引导强度"值为7.0，如图8-52所示。

图8-51　　　　　　　　　　　　　　　图8-52

08 将生图比例设置为2:3，分辨率设置为1024*1536，"生图数量"值设置为2，如图8-53所示。

图8-53

09 点击左上方的"立即生成"按钮，即可生成图像，如图8-54所示。

图8-54

8.3 生图速度

在快节奏的创作环境中,快速生成高质量的图片对于提高工作效率至关重要。像文心一格、美图秀秀、通义万相等经过优化的 AI 软件,能够大幅缩减图片生成的时间,从而使创意能够迅速且高效地转化为可视化成果。

8.3.1 用文心一格快速生成图片

文心一格是百度研发的一款基于 AI 技术的艺术和创意辅助平台。其主要功能在于,能够根据用户提供的文本描述,自动生成相应的艺术作品。该平台不仅支持国风、油画、水彩、水粉、动漫及写实等多种风格的画作生成,还允许用户根据个人喜好或实际需求,选择不同的画幅比例。

接下来,将通过文心一格平台,详细介绍图片生成的具体操作步骤。

01 进入文心一格首页,如图8-55所示。

图8-55

02 点击上方菜单栏中的"AI创作"按钮，进入图片创作界面，如图8-56所示。

图8-56

03 在文本框中输入相关提示词，此处输入的提示词为"星光闪烁的魔法城堡，哈利波特和梵高的梦幻联动，油画笔触"，选择"梵高"的画面类型，如图8-57所示。

04 将比例设置为"方图"，"数量"值设置为2，如图8-58所示。

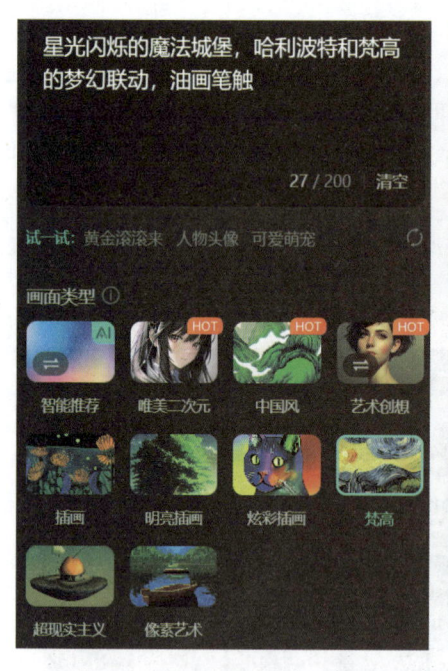

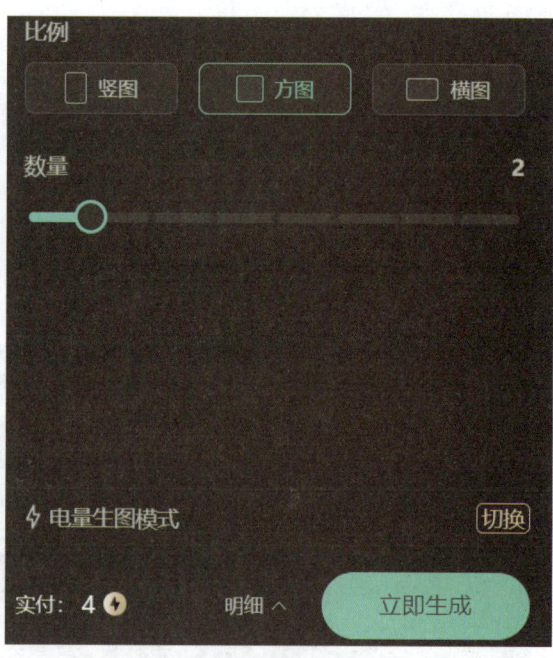

图8-57   图8-58

05 点击下方"立即生成"按钮，即可生成图片，生成的图片效果如图8-59所示。

图8-59

8.3.2 用通义万相快速生成图片

通义万相的相关介绍前文已有详述，此处不再赘言。接下来，将通过通义万相中的"文字作画"功能，展示如何迅速生成所需的图片素材的操作步骤。

01 打开通义万相官网，注册并登录后，进入如图8-60所示的页面。

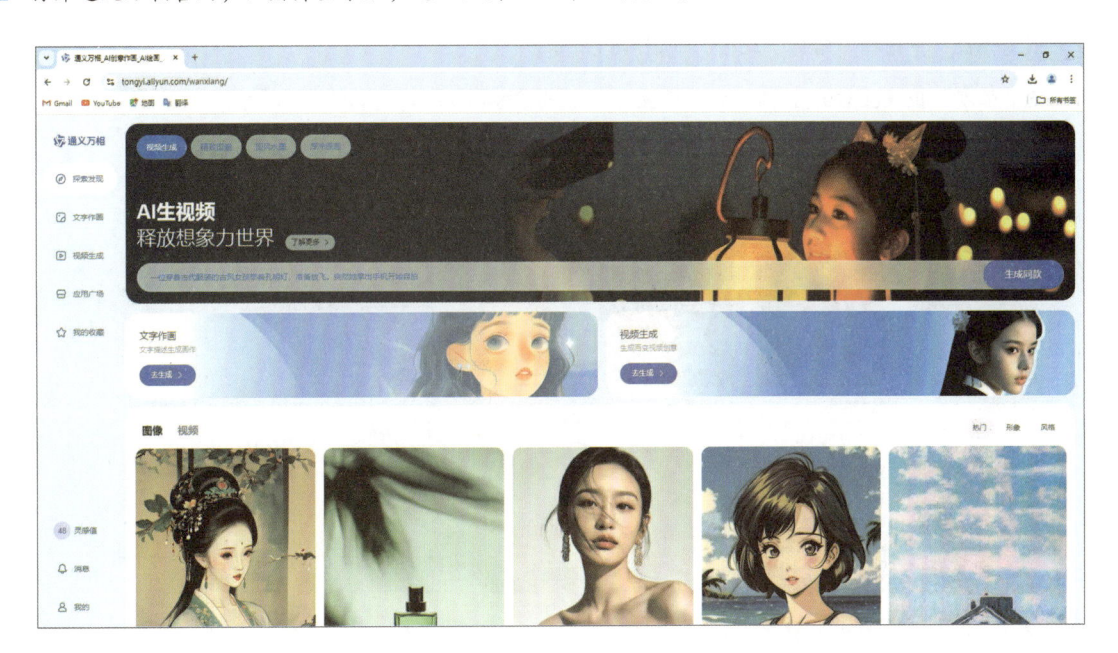

图8-60

02 点击左侧菜单中的"文字作画"按钮，进入图片创作界面，选择"万相2.0 极速"的创作模式，如图8-61所示。

03 在文本框中输入相关提示词，此处输入的提示词为"草地，蓝天背景，笑容，打招呼，衬衫外套，中午阳光，光晕，元气少女"，此外，点击"咒语书"按钮，可以选择各种关于风格、光线、材质、渲染、色彩等标签提示词，如图8-62所示。

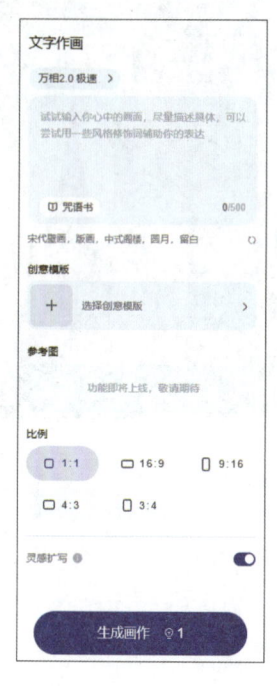

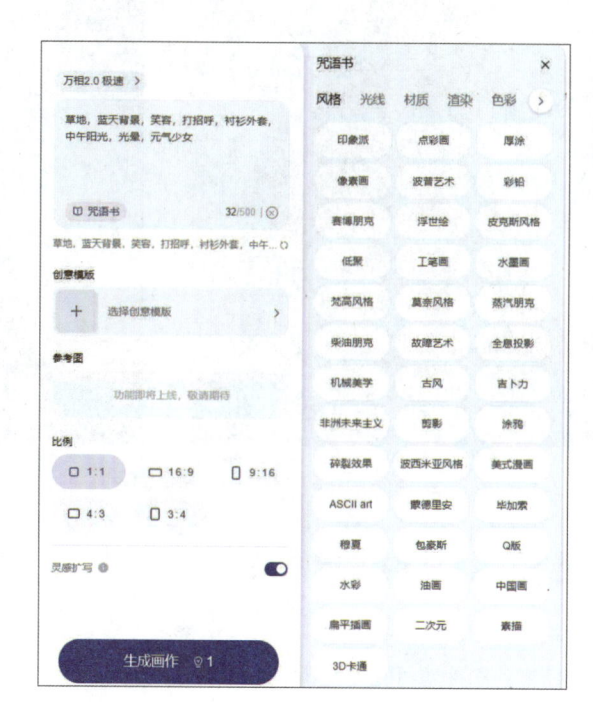

图8-61 图8-62

04 在"创意模板"中选择"治愈"风格，如图8-63所示。
05 将创意"强度"值设置为0.7，"比例"设置为1:1，如图8-64所示。

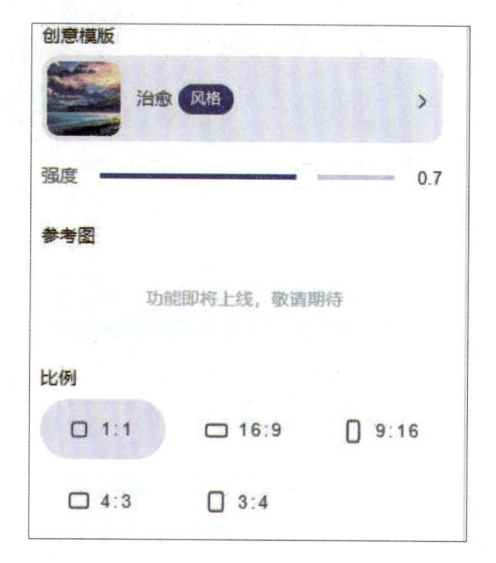

图8-63 图8-64

06 点击"生成画作"按钮，即可生成图片，生成的图片效果如图8-65所示。

图8-65

需要指出的是，尽管通义万相在生成图片速度方面很好，但其提供的创意模板风格相对有限，且生成的图片质量尚待提升，未来仍有进一步完善的空间。

8.4 生图易用性

对于非专业人士和初学者来说，软件的易用性至关重要。一个直观且用户友好的界面可以显著降低学习难度，从而提升创作效率。选择那些提供明确指导、便捷操作路径以及有效反馈机制的 AI 图像生成软件，能够让整个创作流程更加顺畅和愉快。举例来说，可图、奇域等软件凭借其简洁的界面，使创作过程更加简便易行。接下来，将通过 3 款以易用性著称的 AI 软件，详细阐述生成图片素材的方法。

8.4.1 用可图大模型便捷生成图片素材

可图大模型，也被称为 Kolors，是快手自主研发的一款文生图大模型。该模型拥有出色的图像生成能力，支持文生图和图生图两大功能，广泛应用于 AI 图像创作及 AI 形象定制领域。可灵集成了可图大模型的 AI 生图功能，其生成的图片可直接作为图生视频的素材使用。可灵为用户提供了一个简洁直观的界面和流畅的操作体验，用户只需通过简短的文字描述，便能迅速得到与描述相匹配的图画。

接下来，将重点介绍可图大模型的两种图片生成方式。

1. 可灵文生图

文生图功能仅需用户输入创意描述提示词，系统便会根据这些提示词生成相应的图片。值得注意的是，在这种模式下生成的图片具有一定的随机性。具体的操作步骤如下：

01 打开可灵官网，注册并登录后，进入可灵首页，如图8-66所示。

图8-66

02 点击左侧菜单栏中的"AI图片"按钮，自动进入文生图片编辑界面，如图8-67所示。

03 在"创意描述"文本框中输入"新海诚风格，丰富的色彩，唯美风景，江南水乡，清新明亮，温馨的光影，最好的质量，超细节，16K"的提示词，设置图片比例为16:9，设置"生成数量"为4张，如图8-68所示。

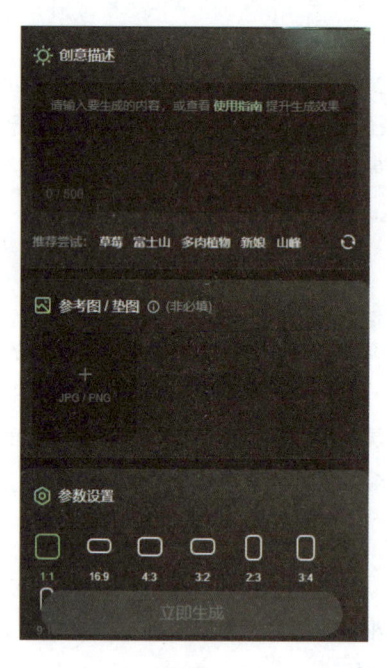

图8-67 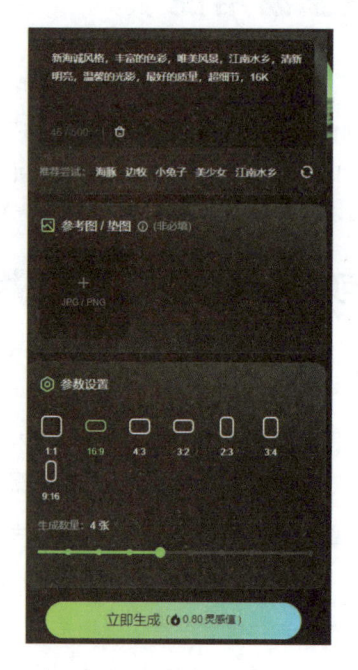　　　　　　　　图8-68

04 点击"立即生成"按钮即可生成图片，生成的图片效果如图8-69所示。

图8-69

05 如图8-70所示，点击图片下方的"画质增强"按钮，即可提升图片的画质；点击"垫图"按钮，自动上传至参考图一栏，进行图生图；点击"生成视频"按钮，即可进入图生视频界面，通过此图来生成视频。

图8-70

8.4.2 用可灵垫图生成相似图片

使用可灵垫图生成图片的过程，除了需要输入相关的创意描述提示词，还要求用户上传一张参考图，并设定其参考强度。参考强度的设定对生成图片的风格有重要影响：参考强度越强，生成图片的风格就越接近上传的参考图；反之，参考强度越弱，生成图片的创意度就越高。与文生图相比，垫图生成的图片在随机性方面相对较小。具体的操作步骤如下。

01 进入AI图片界面后，在"创意描述"文本框中输入"动漫3D风格，超写实油画，神秘女巫在森林中施展魔法，五官清晰，辛烷渲染，光线追踪，景深，超级细节"的提示词，点击■图标，上传参考图，此处上传的参考图如图8-71所示,上传图片后的界面如图8-72所示。

图8-71

图8-72

02 设置生成图片的比例为1:1,设置生成数量为2,分别将"参考强度"设置为"弱""较弱""中""较强""强"进行生图。

03 设置"参考强度"为"弱"时,生成的图片效果如图8-73所示。

图8-73

04 设置"参考强度"为"较弱"时,生成的图片效果如图8-74所示。

图8-74

05 设置"参考强度"为"中"时,生成的图片效果如图8-75所示。

图8-75

06 设置"参考强度"为"较强"时，生成的图片效果如图8-76所示。

图8-76

07 设置"参考强度"为"强"时，生成的图片效果如图8-77所示。从上述可灵图生图的效果中，可以观察到，当"参考强度"设定为"中"时，参考图的风格已经大致显现，并且生成的图片已经达到了理想的视觉效果。

图8-77

8.4.3 用奇域生成符合中式美学的图片素材

　　奇域是一个专注于中式美学的AI绘画创作与分享社区平台，其独特之处在于深度融合了中国文化和传统审美观念，为创作者搭建了一个优质的创作交流平台。下面，将以奇域为例，详细阐述其图片生成的操作步骤。

01 进入奇域官网首页，如图8-78所示。

02 在下方的文本框中输入相关"咒语"，此处输入的"咒语"为"一个中国古代长波浪卷发美女，微胖，唐装，拿着手机自拍，背景空白"，如图8-79所示。

图8-78

图8-79

03 点击上方的"创作宝典"按钮，进入如图8-80所示的界面。

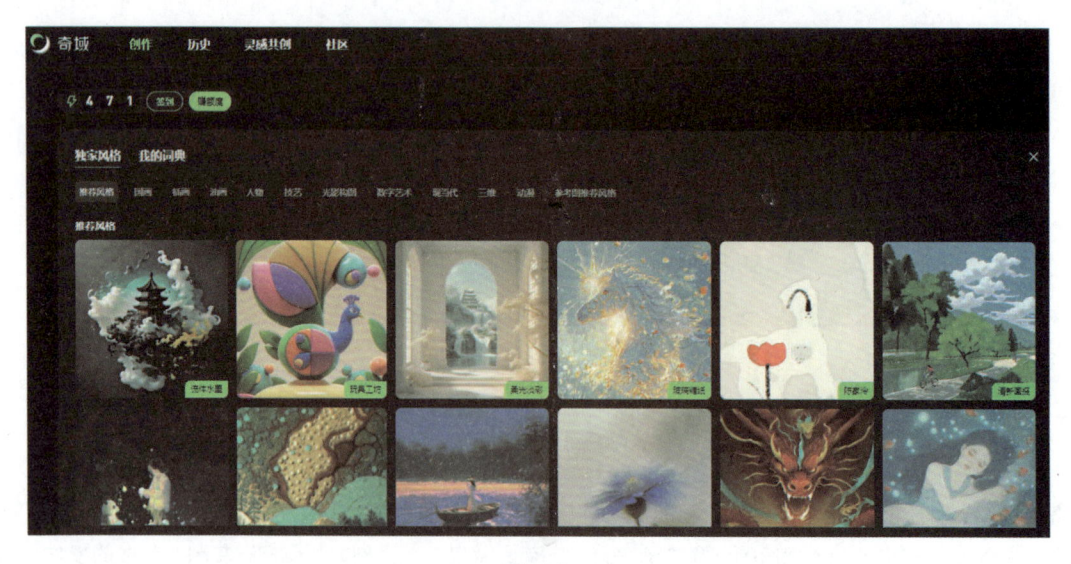

图8-80

04 挑选合适的创作风格模板，此处选择"水墨人像"创作风格，如图8-81所示。

第 8 章 掌握视频中图片素材的生成方法

图8-81

05 点击"插入风格"按钮后,即可在"咒语"文本框中出现相关创作风格文字,如图8-82所示。

图8-82

06 点击"生成"按钮,即可生成相关图像,如图8-83所示。

图8-83

203

第 9 章
爆款短视频创作思路及 AI 实战案例

9.1 娱乐创意类爆款短视频

9.1.1 娱乐创意类视频的内容特点

娱乐创意类爆款短视频的特点如下。

- 独特的创意与创新性：这类短视频常常能突破常规，凭借别出心裁的创意抓住观众的注意力。它们或许运用了 AI 技术来呈现惊艳的特效和人物造型，或许在内容设计上别出心裁，总之能给人带来耳目一新的感觉。
- 娱乐性：短视频内容幽默诙谐、轻松愉快或富含戏剧元素，能够迅速聚焦观众目光，并触动他们的情感共鸣。
- 互动性：短视频文案的精妙设计，激发观众参与交流的欲望，例如通过评论、分享或投票等多种形式，极大提升了观众的参与感和黏性。
- 强烈的视觉冲击力：凭借高质量的创意视觉效果和流畅的动画演绎，短视频在视觉上产生巨大吸引力，令人过目难忘。
- 话题性：内容紧密围绕热门话题或高效产出，有效提升了视频的讨论热度和传播广度。

1. 平台传播及实战案例分析

娱乐创意类 AI 短视频，凭借其别具一格的创意性、出色的互动性以及强烈的情感共鸣，极易在社交媒体平台上掀起病毒式传播热潮，从而成为备受瞩目的热门话题。这类视频将 AI 技术的尖端应用与广受大众欢迎的娱乐元素巧妙地结合在一起。诸如抖音、小红书等平台上，我们常能见到影视角色与可爱动物跨界"品尝"各式奇趣美食，或者萌宠摇身一变成为厨房小能手烹饪美味佳肴，更有那些让人忍俊不禁且略带奇幻色彩的"吃菌子吃出幻觉"系列。这些都是娱乐创意类 AI 短视频趋势下的经典案例，如图9-1所示。

图9-1

这些视频之所以能够在短时间内迅速聚集大量关注与播放量，关键在于它们精准地把握了观众的猎奇心理以及强烈的社交分享欲望。借助 AI 技术的强大支持，视频制作在创意特效方面得以全面升级，使内容更加生动有趣，极具吸引力。

在成功吸引可观流量后，这些创意视频往往能够进一步转化为实际的商业价值。具体而言，创作者可以通过提供有偿的视频制作教程、秘籍或专属素材包等方式，直接实现内容的商业化变现，从而满足粉丝群体的学习与探索需求。另一方面，视频所积累的热度还能有效地将流量引导至私域平台，例如个人网站、社群或电商平台等，进而构建起一个更为紧密且富有活力的粉丝经济生态体系。

9.1.2 娱乐创意类爆款视频的类型及实战

本节旨在为大家提供创意灵感和实现思路，以制作此类爆款短视频。整个制作流程可分为 3 个关键步骤：首先，利用 AI 绘画平台创作出别具一格的创意图片，本节中，将通过即梦平台来展示图片生成过程；其次，借助可灵平台，将创意图片转化为引人入胜的视频内容；最后，在剪映上为视频融入恰到好处的背景音乐、文字素材等，以增强视频的感染力和吸引力。接下来，将通过具体案例，详细剖析前两个步骤的操作方法与技巧。

1. 萌宠做饭类创意视频

宠物视频，特别是那些展现可爱、憨态可掬的动物，如猫、狗、兔子等的视频，具有天然的强大吸引力。观众在欣赏这些视频时，能够体验到一种深深的治愈感和放松感。萌宠们可爱的模样和它们意想不到的举动，很容易激发人们的喜爱之情，进而提升观看的愉悦感。具体的操作步骤如下。

01　使用即梦生成图片的方法前面已经详细阐述，因此，在此处及后续案例中，将不再重复具体的生成步骤。

02　在此输入的提示词为："一只小猫咪，戴着可爱的围裙，拿着厨具，正在厨房里煎牛排。"生成的效果如图9-2所示。

03　进入可灵图生视频界面，选择"可灵1.0"模型，上传生成的"猫咪做饭"的图片素材。

04　在"图片创意描述"文本框中输入"小猫咪右手拿着铲子，低头煎锅里的东西。"的提示词，如图9-3所示。设置"创意想象力"值为0.7，"生成模式"为"标准"，"生成时长"为5s，如图9-4所示。

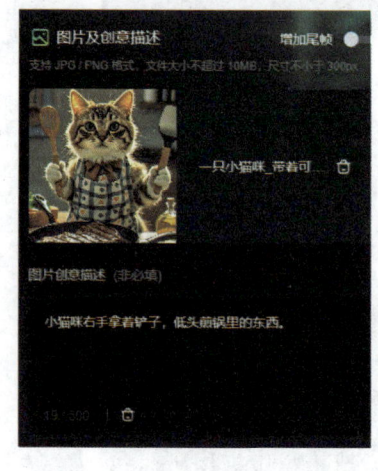

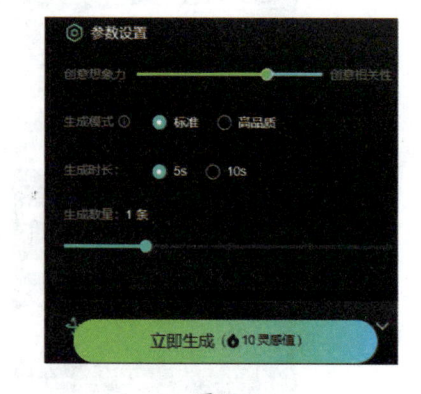

图9-2　　　　　　　　图9-3　　　　　　　　图9-4

05　点击"立即生成"按钮，生成一段5s的视频，如图9-5所示。

图9-5

从视频画面中，我们不难发现存在一些不足之处。在AI生成过程中，原本的木质厨具被错误地转换成了铁质厨具。为了修正这一问题，可以在剪映视频编辑软件中将前面展示木铲子的几帧画面剪辑掉。随后，再为视频添加适宜的背景音乐等效果素材，以提升整体观感。

2. 经典人物走秀类视频

经典人物涵盖经典电视剧、文学、电影、动漫、游戏等诸多领域的标志性角色。这些角色通常具备鲜明的个性特征、深刻的内心世界、错综复杂的情感纠葛，以及扣人心弦的故事背景，能够深深触动观众的心灵。创作这类家喻户晓的经典人物的创意视频，往往能激发观众的热烈讨论，形成广泛的社会话题。具体的操作步骤如下。

01 用即梦生成图片，输入的提示词为"全身，孙悟空穿着时尚的黑色风衣，戴着黑色的墨镜，在T台上走秀。"如图9-6所示。

02 进入可灵图生视频界面，选择"可灵1.0"模型，上传生成的孙悟空的图片素材。

03 在"图片创意描述"文本框中输入"孙悟空，手揣在裤兜里，正在很有气场地走模特步。"的提示词，如图9-7所示。设置"创意想象力"值为0.6，"生成模式"为"标准"，"生成时长"为5s，如图9-8所示。

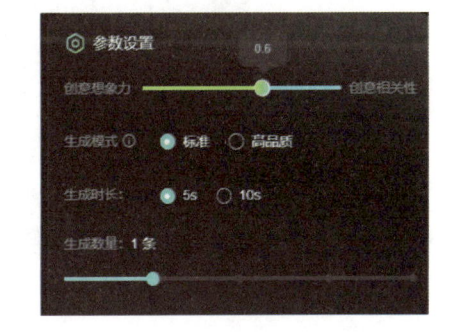

图9-6　　　　　　　　图9-7　　　　　　　　图9-8

04 点击"立即生成"按钮，生成一段5s的视频，如图9-9所示。

图9-9

3. 奇特动物类创意视频

奇特且新鲜的事物总能激发人们的猎奇心理,并引发针对这些事物的热烈讨论。创作一些非同寻常的动物形象,能够吸引观众的注意力并掀起讨论热潮。具体的操作步骤如下。

01 用即梦生成图片,输入的提示词为"一条鱼长着小狗的脑袋,身子是鱼,在鱼缸中。"如图9-10所示。

图9-10

02 进入可灵图生视频界面,选择"可灵1.0"模型,上传生成的"狗头鱼"的图片素材。

03 在"图片创意描述"文本框中输入"狗头鱼在鱼缸里游来游去。"提示词,如图9-11所示。设置"创意想象力"值为0.7，"生成模式"为"标准"，"生成时长"为5s，如图9-12所示。

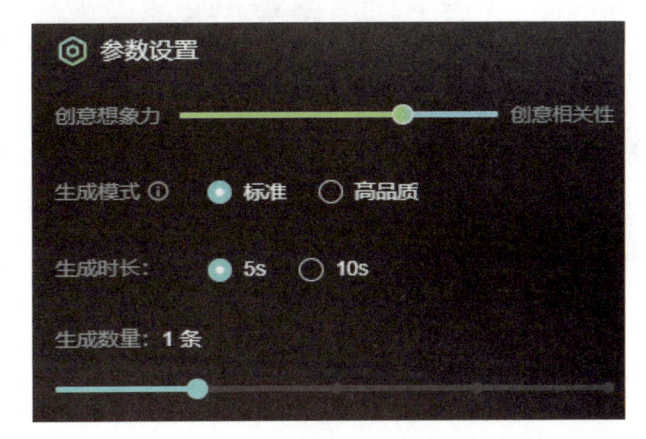

图9-11　　　　　　　　　　　　　图9-12

04 点击"立即生成"按钮，即可生成一段5s的视频，如图9-13所示。

图9-13

4. 动物玩音乐类视频

与萌宠做饭类创意短视频相似的，还有动物玩音乐类短视频。这类视频同样深受欢迎，能够吸引大量观众观看。具体的操作步骤如下。

01 用即梦生成图片，输入的提示词为"小狗拿着大提琴正坐在椅子上演奏，背景是蓝天白云，绿色草地。"生成的效果如图9-14所示。

02 进入可灵图生视频界面，选择"可灵1.0"模型，上传生成的小狗拉小提琴的图片素材。

03 在"图片创意描述"文本框中输入"小狗正在草地上开心地拉小提琴。"的提示词，如图9-15所示。设置"创意想象力"值为0.7，"生成模式"为"标准"，"生成时长"为5s，如图9-16所示。

图9-14 　　　　　　　　　图9-15 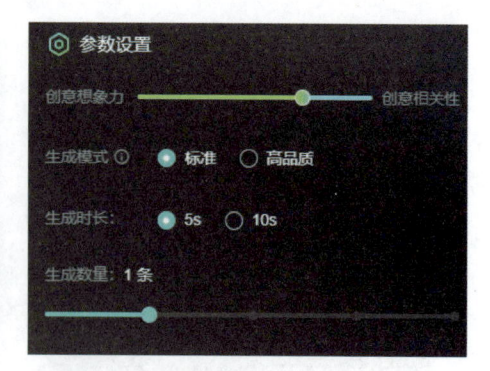　　　　　　　　　图9-16

04　点击"立即生成"按钮，即可生成一段5s的视频，如图9-17所示。

图9-17

9.2 运动轨迹控制类视频

9.2.1 用AI制作运动轨迹控制类视频的意义

传统上,制作特定运动效果的视频涉及多个复杂步骤和专业技术,操作起来相对烦琐。然而,如今AI技术的运用使我们可以有效地控制事物的运动轨迹,这为影视制作与动画行业、游戏制作行业的从业人员带来了极大的便利,显著提升了工作效率。

在影视特效和动画制作领域,精准控制角色动作、物体运动轨迹以及场景转换等是至关重要的,但这些任务通常耗时且技术要求高。AI技术能够自动分析并模拟真实的物理运动,甚至创造出超越现实的复杂动态效果。这不仅大幅提高了制作效率,降低了人力成本,还能打造出更加逼真和引人入胜的视觉体验。

在游戏开发方面,角色和物体的运动表现对玩家的游戏体验有着直接影响。通过AI的助力,游戏角色的动作可以更加自然流畅,游戏场景的动态效果也会更加逼真,从而全面提升游戏的整体品质和玩家的沉浸感。

9.2.2 运动轨迹控制视频类型及实战

接下来,将详细讲解运动轨迹控制的多种操作方法。

1. 反重力效果

借助AI技术,我们可以为视频中的物体绘制出悬浮的运动轨迹,并通过特效处理,制作出具有反重力效果的视频内容。这种独特的效果在科幻短片、动画等领域展现出广泛的应用潜力,为观众带来更加奇幻和引人入胜的视觉体验。具体的操作步骤如下。

01 进入即梦图生视频界面,上传一张已准备好的比例为16:9的图片,并在文本框中输入创意提示词:"人保持不动,巨石缓慢上升。"此处上传的图片如图9-18所示。

图9-18

02 在"动效画板"编辑面板中,设置巨石的运动轨迹。将"结束位置"的区域调整至上方,并明确标注出开始点和结束点的运动轨迹,如图9-19所示。

图9-19

03 点击"生成视频"按钮,即可生成一段时长为6s的反重力效果视频,如图9-20所示。从视频画面中,可以清晰地看到巨石正在缓慢上升。

图9-20

2. 科幻降落效果

借助 AI 技术，可以实现飞船、飞行器、未来汽车等科幻物体从天而降的震撼效果。这不仅为创意产业注入了新的活力，更使科幻场景的设计摆脱了传统技术的桎梏。如今，设计师可以更加自由地挥洒想象力，创造出前所未有、令人叹为观止的视觉效果。具体的操作步骤如下。

01 用即梦生成一张具有科幻场景的图片，此处输入的提示词为："科幻场景，一辆红色的轿车悬浮在高空中，后面雷电交加，火光四射。"生成的效果如图9-21所示。

02 进入即梦图生视频界面，上传生成的图片，并在文本框中输入"红色的轿车向下坠落。"的创意提示词，如图9-22所示。

图9-21　　　　　　　　　　　　　　　图9-22

03 在"动效画板"编辑面板中，设置汽车的运动轨迹。首先，将"结束位置"的区域调整至画面的最下方；然后，明确标注出开始点和结束点的运动轨迹，如图9-23所示。

图9-23

04 点击"生成视频"按钮,即可生成一段时长为6s的汽车横空降落的视频。对视频进行补帧和提升分辨率处理后的效果如图9-24所示。从视频画面中,可以清晰地看到汽车在科幻场景中的降落过程。

图9-24

3. 火光变化效果

借助AI技术,可以精准控制火光的大小,从而显著提升视觉效果的真实感和动态感。这一技术的应用,不仅使火光变化效果更加逼真,还增强了观众的视觉体验。具体的操作步骤如下。

01 进入即梦图生视频界面,上传一张已准备好的比例为16:9的蜡烛燃烧的图片,如图9-25所示。接下来,调整烛火的大小,使其逐渐变小直至熄灭。于是,在文本框中输入"烛火逐渐熄灭,周围的环境逐渐变暗。"的提示词,以指导AI进行效果处理,如图9-26所示。

图9-25 　　　　　　　　　　　　图9-26

02 在"动效画板"编辑面板中,设置烛火的运动轨迹。首先,将"结束位置"的区域调整至下方;然后,准确标注出开始点和结束点的运动轨迹,具体操作如图9-27所示。

图9-27

03 点击"生成视频"按钮,即可生成一段6s的烛火逐渐熄灭的视频,对其补帧和提升分辨率后的视频效果如图9-28所示。除此之外,还可以使烛火变大,生成的效果如图9-29所示。

图9-28

图9-29

4. 形变效果

借助 AI 技术，我们能够实现诸多形变效果，例如展现花朵绽放的瞬间、呈现机器人灵活变形的场景，以及描绘小草茁壮成长的画面。这些效果不仅为自然场景的再现增添了逼真感，更为角色行为的塑造注入了生动与活力。具体的操作步骤如下。

01 进入即梦图生视频界面，上传一张已准备好的比例为16:9的小树苗图片，如图9-30所示。接下来，要控制小树苗的形态变化，在文本框中输入"小树苗逐渐长大。"的提示词，以引导AI生成相应的动态效果，如图9-31所示。

图9-30 　　　　　　　　　　　　　　图9-31

02 在"动效画板"编辑面板中，对小树苗的运动轨迹进行设置。首先，将"结束位置"的区域调整至上方；然后，明确标注出开始点和结束点的运动轨迹，具体操作如图9-32所示。

图9-32

03 点击"生成视频"按钮，即可生成一段6s的小树苗逐渐长大的视频，对其进行补帧和提升分辨率后的视频效果如图9-33所示。

图9-33

9.3 广告及宣传片类商业视频

9.3.1 用AI制作广告及宣传片类视频的意义

借助 AI 技术，我们能够快速生成高质量的广告和宣传片，从而大幅提高制作效率，缩短制作周期。同时，相较于传统制作方式，AI 减少了对人力资源的依赖，显著降低了制作成本，尤其在处理需要大量创意和迭代的项目时，其优势更加明显。此外，AI 还能根据创作者的丰富想象，生成更具创意和个性化的内容，提升广告的吸引力和转化率，进而推动整个广告和宣传片制作行业的创新与发展。值得一提的是，AI 已广泛应用于汽车宣传广告、商品展示视频、旅游宣传视频等多个领域，其制作效果与传统方式相比毫不逊色，图9-34 所示的口红广告，便是由 AI 精心打造而成的。

图9-34

图9-35 展示了利用 AI 技术精心制作的广西旅游宣传片。通过多样化的视觉呈现，宣传片生动地展现了广西各地的壮丽景色，其效果令人赞叹不已。

图9-35

图9-36是小红书平台上的一部利用AI技术制作的汽车宣传片视频截图。该视频通过AI生成了汽车穿越各种风景的动感画面，巧妙地展现了汽车的卓越性能。

图9-36

9.3.2　广告及宣传片视频类型及实战

1. 汽车类穿越效果宣传片

汽车类穿越效果宣传视频，作为一种独特的营销手段，融合了穿越主题与汽车产品特性，旨在通过生动的视频形式塑造品牌形象。在这类视频中，内容往往设定为汽车在不同的时间、地点或环境间穿越，如从繁华都市驶向静谧山区，或者由现代瞬移至未来与复古时代，甚至从明媚春日转至寒冷深冬。这些场景变换不仅令人眼前一亮，更能凸显汽车的适应性与多功能性。

接下来，计划利用AI技术，打造一部汽车穿越四季的炫酷效果视频。整体制作流程分为3个核心步骤：首先，借助AI生成汽车驰骋在四季不同风光中的精美画面；其次，运用AI技术让这些静态画面跃动起来，形成连贯的视频动态效果；最后，在剪映等专业视频编辑平台上进行细致的整合与润色，使视频呈现更加完美的视觉效果。具体的操作步骤如下。

01　进入即梦图片生成界面，首先生成一幅汽车在春天场景中行驶的图片。在文本框内输入提示词："一辆汽车行驶在路上，红色汽车的正侧面，春天，花朵，樱花树，商业摄影，中景"。随后，将"生图模型"选定为"即梦 通用v2.0"，并将图片比例调整为16:9，相关设置如图9-37所示。

02　点击"立即生成"按钮，即可生成汽车行驶在春天的图片效果，将其提升分辨率后，效果如图9-38所示。

03　点击图片下方的 按钮，进入局部重绘界面。选中除汽车外的背景画面，对背景进行局部重绘，在下方的文本框中输入"夏天的森林，绿树，花朵"关键词，如图9-39所示。

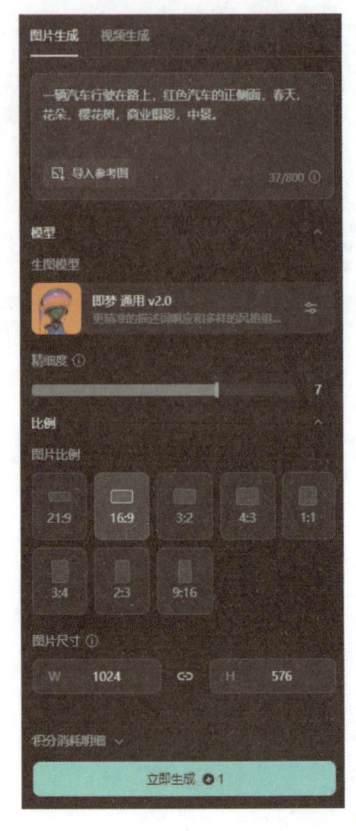

图9-37

图9-38

图9-39

04 点击"立即生成"按钮,即可生成夏天的场景,生成的效果如图9-40所示。

图9-40

05 遵循前述方法，分别利用局部重绘功能制作秋天与冬天的场景图片。针对秋天场景，输入的提示词为："秋天的场景，金黄的银杏叶，蓝天白云，枫叶"。所生成的秋天场景图片如图9-41所示。至于冬天场景，输入的提示词则是："冬天的场景，雪，树木枝头挂满晶莹的霜花"，生成的冬天场景如图9-42所示。

图9-41　　　　　　　　　　图9-42

06 将生成的图片转化为视频。进入即梦的视频生成界面，选择"使用尾帧"复选框，选择春天场景的照片作为首帧图片，而夏天场景的照片则设为尾帧图片。在文本框中输入提示词："一辆汽车行驶在路上，车轮正在动，红色汽车的正侧面，汽车从春天开到夏天，周围的环境从春天到夏天，商业摄影，中景"，如图9-43所示。

图9-43

221

07 将"运镜控制"设置为"随机运镜","运动速度"设置为"适中","生成时长"设置为3s,选择"标准模式",具体设置如图9-44所示。

08 点击"立即生成"按钮,即可生成一段从春天到夏天时长为3s的穿越视频,如图9-45所示。

图9-44　　　　　　　　　　　　　图9-45

09 将视频画面进行分辨率提升处理后,得到的视频画面如图9-46所示。

图9-46

10 按照以上方法,分别生成从夏天到秋天以及从秋天到冬天的场景视频。在创建从夏天到秋天的过渡视频时,输入的提示词为:"一辆红色汽车正侧面行驶在路上,车轮滚动,汽车从夏天驶向秋天,周围环境随季节从夏天变化到秋天,商业摄影,中景"。而在制作从秋天到冬天的场景视频时,输入的提示词则是:"一辆红色汽车正侧面行驶在路上,车轮持续滚动,汽车从秋天开往冬天,周围环境随着季节从秋天转变

第 9 章　爆款短视频创作思路及 AI 实战案例

为冬天，商业摄影，中景"。生成的从夏天到秋天的场景视频效果如图9-47所示；生成的从秋天到冬天的场景视频效果如图9-48所示。

图9-47

图9-48

11　将所生成的视频片段按顺序上传至剪映视频编辑平台。在此平台上，可以进一步添加相关的文字素材效果、背景音乐等元素，从而完善广告的视听效果。经过这些步骤，一条展现汽车穿越四季变换的广告片就顺利制作完成了。

2. 商品广告宣传视频样稿

相较于传统的视频制作方式，利用 AI 技术制作商品广告宣传视频样稿具有显著优势。它不仅能大幅降低成本，还因自动化流程而减少对专业人员和昂贵设备的依赖。同时，AI 制作方式也极大地提高了制作效率，降低了人力和时间成本。此外，AI 还能生成独具匠心的视觉效果，为广告宣传视频注入创新元素，从而打破传统广告模式的桎梏，为品牌带来全新的宣传手段和视觉盛宴。下面，将通过制作一款手表的广告视频样稿，详细介绍利用 AI 技术制作广告宣传视频的操作流程。

01 准备好广告宣传视频中要展示的产品图片，本例为手表。接着，使用手机或相机为手表拍摄照片，以供后续在AI视频平台中生成视频时使用，拍摄的照片如图9-49所示。

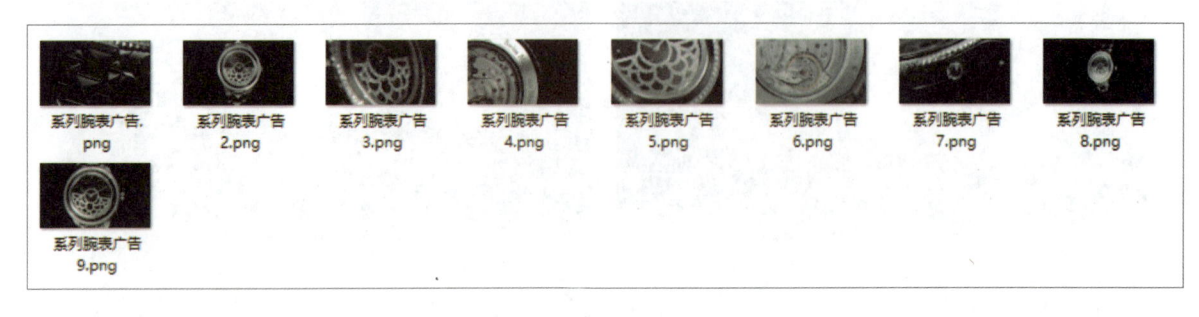

图9-49

02 进入可灵网站的"AI视频"界面，选择"图生视频"选项，再选择"可灵1.0"模型。

03 在"图片及创意描述"选项中点击上传名称为"系列腕表广告.png"的图片，如图9-50所示。在"图片创意描述"文本框中输入"凸凹不平的机械手表的表带缓慢旋转展示"来引导图片生成视频的动作效果，如图9-51所示。

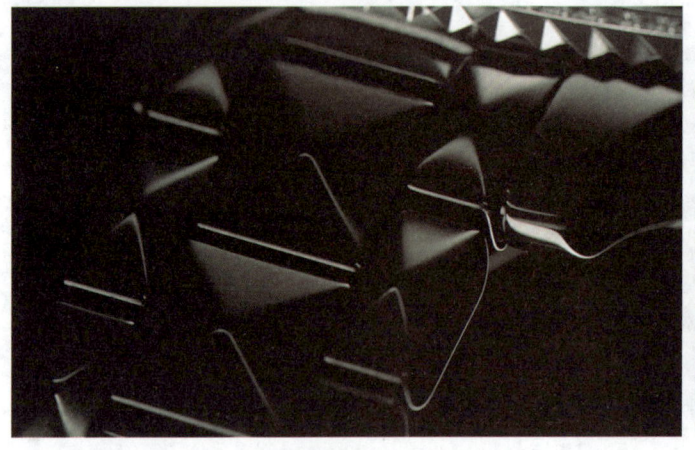

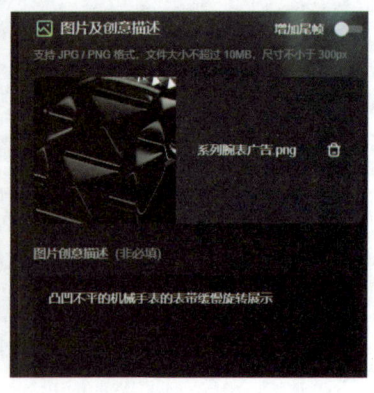

图9-50　　　　　　　　　　　　图9-51

04 在"参数设置"选项中，为确保手表形状不变形，将"创意相关性"值调至最大。由于目的是生成手表腕带的画面，无须过高精度，因此"生成模式"选择"标准"即可。同时，将"生成时长"设定为5s，相关设置如图9-52所示。

图9-52

05 点击"立即生成"按钮后，上传的手表腕带图片便生成了一段5s的手表腕带旋转视频，如图9-53所示。经观察发现，虽然视频总长5s，但从第2秒开始，手表形状发生了变化。因此，仅需保留前2秒的手表腕带视频部分。

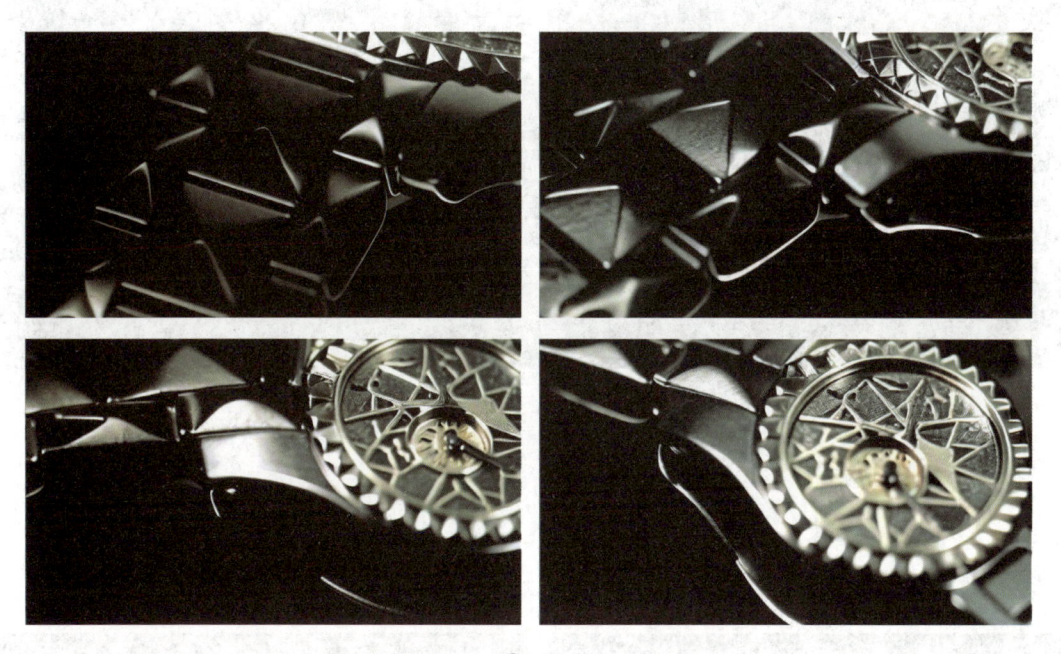

图9-53

06 采用上述相同的方法，将剩余的每张照片都通过可灵的"图生视频"功能生成一段展示用的短视频，并将这些生成的视频文件保存到本地，如图9-54所示。

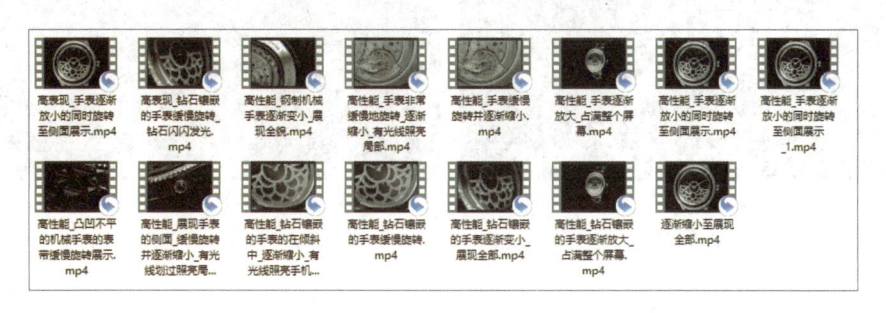

图9-54

07 打开"剪映"软件,在主界面点击"开始创作"按钮,进入剪映的剪辑界面。接下来,导入之前保存到本地的手表视频素材。在视频的开头和结尾部分,分别添加一个品牌名字渐显渐隐的特效。将导入的手表视频按照产品展示效果的逻辑顺序进行排列,并为这些视频片段添加变速、动画和转场效果。再为整个视频选择并添加一段合适的背景音乐。相关操作如图9-55所示。至此,这个手表广告的整体效果就已经制作完成。预览确认无误后,将视频导出并保存到本地。

图9-55

08 观看生成的手表广告视频,在细节上和真实拍摄的视频还是会有部分差距,但在整体效果上,基本都能达到真实拍摄的效果,包括一些运镜、旋转和放大缩小等等,如图9-56所示。虽然AI制作视频的技术还不算成熟,但是AI制作广告宣传视频样稿已经可行了,通过先生成样稿降低试错率,减少制作成本,这也充分发挥了AI制作视频的作用。

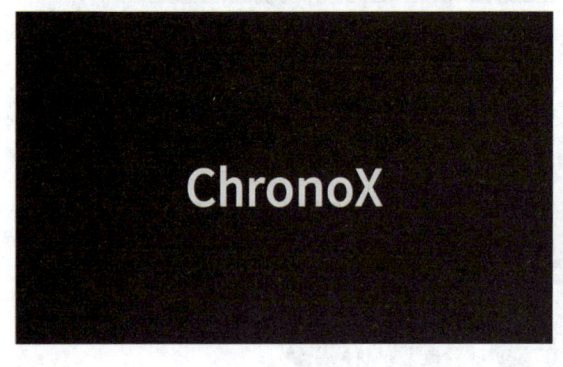

图9-56

图 9-56（续）

3. 室内外装修效果展现

AI 技术能够协助设计师和企业高效生成优质的室内外展示视频。通过这项技术，原本静态的画面将被赋予动态效果，同时提供更广阔的视角。这不仅降低了工作成本，还提升了与客户沟通的效率。具体的操作步骤如下。

01 进入图生视频界面，点击 按钮，上传准备好的图片素材，此处上传的室内素材如下左图所示。

02 在"图片创意描述"文本框中输入"室内场景，展示整个室内环境"的提示词，如图9-57所示。设置"创意想象力"值为0.9，"生成模式"为"高品质"，"生成时长"为10s。如图9-58所示。

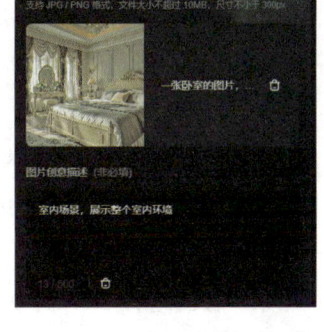

图9-57　　　　　　　　　　　　　图9-58

03 点击"立即生成"按钮，即可生成一段5s的室内展示视频，如图9-59所示。如果要更全面地展示室内场景或特定镜头，可以对视频进行延长处理。

图9-59

图 9-59（续）

9.4 治愈情感类视频

9.4.1 治愈情感类视频的特点

治愈情感类视频内容在数字时代备受欢迎，这类视频一般具有以下显著特点。

- 温馨的氛围：治愈情感类视频的首要特征是能够营造一种温馨、和谐且舒适的观看氛围。
- 积极正面的主题：从内容层面来看，这类视频通常聚焦积极、正面的主题，诸如爱、希望、勇气、友情、成长以及感恩等。
- 细腻的情感表达：治愈情感类视频非常注重情感的细腻描绘与传达。
- 简洁明了的叙事：尽管视频内容富含深厚的情感，但在叙述手法上，治愈情感类视频却倾向于简洁明了。
- 鼓励自我反思与成长：除了为观众提供直接的情感慰藉，这类视频还常常引导观众进行自我反思，促进个人成长。

9.4.2 治愈情感类视频的案例分析

小红书平台上的博主凭借制作关于独居女性生活的治愈类视频，成功吸引了大量关注。这些视频不仅获得了高达 650 万的点赞和收藏量，还实现了有效的流量变现，如图 9-60 所示。

图 9-60

此外，小红书平台上也有与亲人跨时空拥抱的治愈视频，如图9-61所示。

图9-61

9.4.3 治愈情感类视频类型及实战

1. 跨时空拥抱类视频

借助AI技术，我们能够制作出别具一格的亲友超时空拥抱视频。通过将过去的影像与现在的影像巧妙融合，能够使观众沉浸在一种前所未有的回忆体验之中。具体的操作步骤如下。

01 准备好两张照片素材，之后将这两张照片拼接到一起，操作效果如图9-62所示。在此过程中，需要特别注意，拼接后的照片背景应保持统一，避免出现过大的背景差异。以此处拼接的老爷爷和小男孩的照片为例，所选的背景均为大海。

图9-62

02 进入图生视频界面，选择"可灵1.0"模型，点击 按钮，上传拼接完成的图片素材。

03 在"图片创意描述"文本框中输入"两个人转身对视，张开双手，拥抱在一起。"提示词，如图9-63所示。设置"创意想象力"值为0.6，"生成模式"为"高品质"，"生成时长"为5s，如图9-64所示。

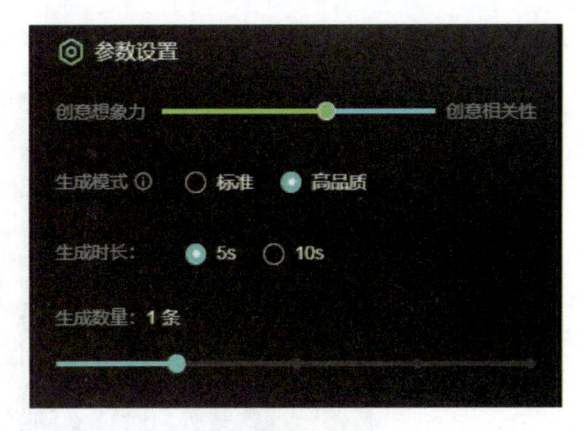

图9-63　　　　　　　　　　　　图9-64

04 点击"立即生成"按钮,即可生成一段5s的亲友拥抱视频,如图9-65所示。

图9-65

2. 正能量语录类治愈视频

正能量语录类治愈视频会巧妙地搭配精美的视频片段,而这些视觉元素通常与语录的主题相互映衬,共同营造出一种温馨且鼓舞人心的氛围。具体的操作步骤如下。

01 通过文心一言等AI文本生成工具生成正能量治愈文本,此处生成的文本如图9-66所示。

图9-66

02 打开即梦，进入图片生成界面，开始制作治愈风格的图片。本次以一位年轻女生的视角进行创作，在文本框中输入提示词："手绘卡通风格，描绘一位长发的女生，在夕阳西下时分，她正静静地凝望着落日余晖，整个画面以温暖的色调为主。"接下来，将"生成模式"选择为"即梦 通用V1.4"，操作步骤如图9-67所示。

03 将"精细度"值设置为6，图片比例设置为16:9，如图9-68所示。

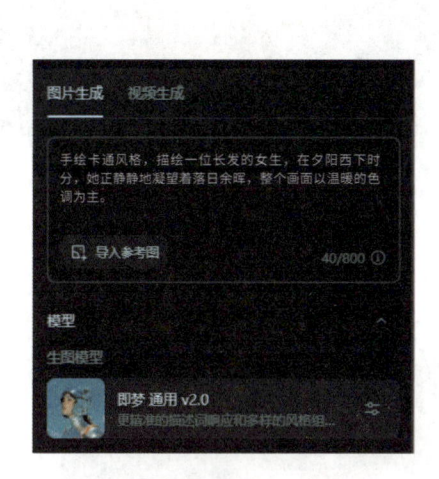

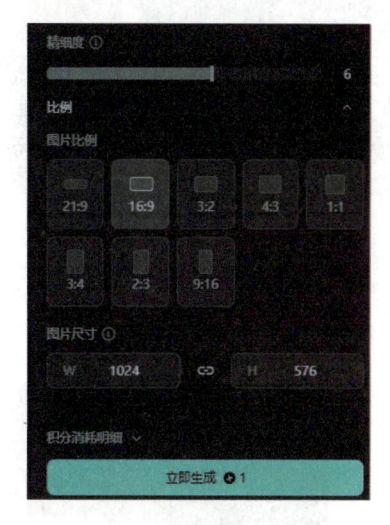

图9-67　　　　　　　　　图9-68

04 点击下方"立即生成"按钮，即可生成图片，图片效果如图9-69所示。

图9-69

05 将图片动态化。进入即梦图生视频界面，上传刚生成图片，在文本框中输入"女生发丝飘动，镜头缓慢拉远"提示词，将"运镜控制"设置为"变焦拉远中"，"模式选择"设置为"标准模式"，"生成时长"设置为3s，具体设置如图9-70所示。

06 点击"生成视频"按钮，即可生成一段时长为3s的视频，效果如图9-71所示。

图9-70　　　　　　　　　　　　　图9-71

07 按照以上方法生成其余的治愈画面图片及动态视频。在此过程中，需要特别注意的是，当生成图片时，应将第一张生成的图片设为参考图，并选择参考其"风格特征"，具体操作如图9-72所示。

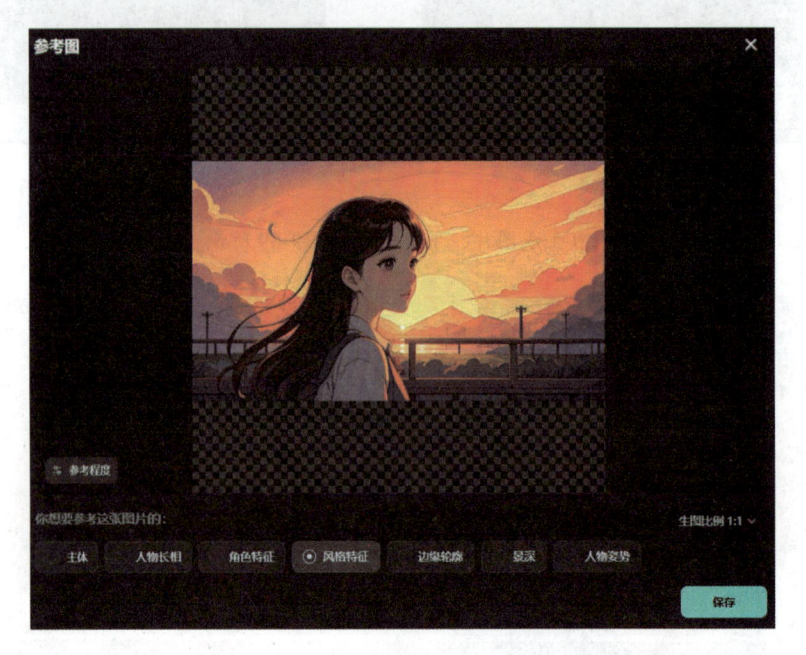

图9-72

08 视频全部生成完毕后，将其导入剪映中，进行视频编辑操作，包括添加文案、配音等处理。

9.5　制作MV视频

　　MV，即音乐短片（Music Video），是与音乐相辅相成的短片形式，常作为音乐唱片的补充，通过电视、网络等媒介广泛传播，以提升歌曲的知名度和影响力。

传统 MV 制作流程颇为复杂，大致包括以下几个步骤：首先，确立创意与构思，精心设计 MV 的故事线、场景及角色，并据此拟定拍摄计划与预算；其次，选定并布置拍摄场地，筹备服装道具，完成演员选拔与造型设计；接着，根据剧本和前期规划展开实际拍摄，力求每个镜头都能贴切传达 MV 的主题与情节；最后，进入后期制作，涵盖视频剪辑、音频调试及特效增添等环节，以确保作品在视听效果上达到预期。然而，这一流程不仅烦琐，而且往往伴随着高昂的时间与资金成本。

随着人工智能技术的不断进步，如今我们可以借助各种 AI 工具来简化 MV 的制作过程。这种新型创作方式主要包含以下步骤。

- 利用AI音乐工具生成一首完整的词曲作品。
- 通过AI文本生成工具，创作出MV的视频分镜头脚本。
- 借助AI图像生成工具，创作出分镜头所需的MV图片，此过程需要确保画面人物的一致性。
- 使用AI视频生成工具，将静态的图片转化为动态视频。
- 在剪映中对视频画面进行整合，并根据MV的风格进行视频润色。

接下来，将通过综合运用海螺 AI、智谱清言、即梦、可灵以及剪映等工具，来展示一个完整 MV 的制作过程。

9.5.1 使用海螺AI创作音乐

使用海螺 AI 创作音乐的具体操作步骤如下。

01 进入海螺AI官网，点击"创作音乐"按钮，进入音乐创作界面，关于使用海螺AI进行音乐创作的步骤在前文已经介绍过，这里不再赘述。

02 此处想要创作关于一对情侣在车站离别的歌曲，在歌曲文本框中输入的歌名为"离别的车站"，点击下方"帮我编词"按钮，即可生成一段歌词，如图9-73所示。

图9-73

03 选择"流行"曲风，点击"生成音乐"按钮，即可生成一段58s的音乐，如图9-74所示。

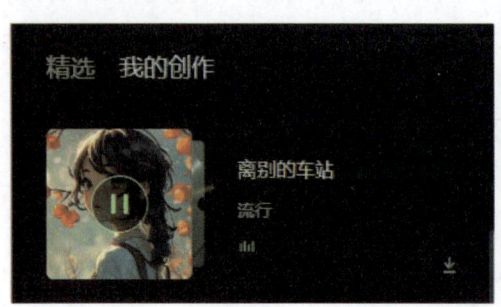

图9-74

04 点击 ■ 按钮，即可将音频文件下载到本地。

9.5.2 借助智谱清言生成MV分镜头脚本

借助智谱清言生成 MV 分镜头脚本的具体操作步骤如下。

01 进入智谱清言官网首页，在文本框中输入相关提示词，如图9-75所示。

02 点击右侧的 ● 按钮，即可得到MV分镜头脚本，部分生成的镜头脚本如图9-76所示。

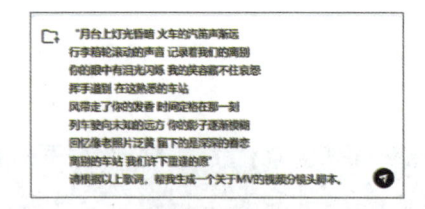

图9-75　　　　　　　　　　　　　图9-76

03 根据需求对AI生成的脚本内容进行修改，修改后的镜头脚本如图9-77所示。

图9-77

9.5.2 使用即梦生成MV静态图片画面

画面对于整个MV而言至关重要，因此在生成图片的过程中，必须确保图片成品的画面质量。在撰写图片生成提示词之前，需要特别注意以下几点。

- 光影是视觉美学中的关键元素之一。通过恰当的光影处理，可以营造出各异的氛围与情感。例如，逆光拍摄能够凸显人物的轮廓美，展现轮廓光的风采；而侧光拍摄则可增强画面的立体感和层次感。
- 灵活运用多种构图技巧，如对角线构图、中心构图、三分法构图等，以凸显画面主体并引导观众的视觉焦点。同时，保持画面的平衡与稳定，避免给人头重脚轻或左右失衡的感觉。
- 色彩在MV中占据重要地位，不同的色彩能引发观众不同的情感共鸣。根据歌曲的情感基调和主题，通过调色来强化色彩表现力。温暖的色调可营造温馨、浪漫的氛围，而冷色调则常用于表现孤独、清冷的情境。例如，若想展现回忆画面，则可适当运用暖色调来渲染氛围。

接下来，将通过即梦来生成MV所需的静态图片画面，具体的操作步骤如下。

01 进入即梦图片创作界面后，首先开始生成镜头1的画面。由于镜头1中并未出现人物，因此生成过程相对简单。在文本框内输入提示词："特写镜头，昏暗的月台上火车头灯闪烁，伴随着汽笛声响起，营造出离别的氛围。时间设定为傍晚，采用现代摄影风格。"输入完毕后，即可生成相应的图片。经过细节修复与分辨率提升后，最终画面效果如图9-78所示。

图9-78

02 开始生成镜头2的画面。需要注意的是，镜头2中开始出现人物。此时，需要确定MV中的人物形象。本MV的主要人物是一对情侣，包括一个男生和一个女生。此处利用即梦生成的男生如图9-79所示，女生如图9-80所示。

图9-79　　　　　　　　　　图9-80

03 目前，即梦的参考人物长相功能在一张图片中仅支持参考一个人物的长相。因此，需要尽量避免两个人物同时露脸。若需要保持多个人物长相一致，建议使用Photoshop等软件进行换脸处理。在文本框中输入提示词："中景，短发女生背对着镜头，男生站在她对面，两人在月台上面对面站立，周围有拉着行李箱走动的人。时间设定为傍晚，采用现代摄影风格，要求高清分辨率。"之后，点击"导入参考图"按钮，上传已确定的男生图片，进入如图9-81所示的界面，在该界面中，选中"人物长相"复选框。点击"保存"按钮后，如图9-82所示。

图9-81 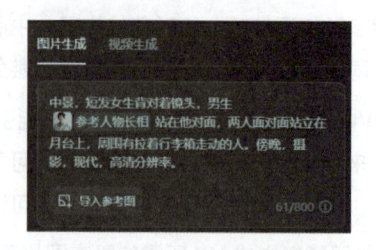　　　　　　　　　　　图9-82

04 选择"即梦通用 v2.0"生图模型，设置"精确度"值为5，设置"图片比例"为16:9，具体设置如图9-83所示。点击"开始生成"按钮，即可得到镜头2的画面，效果如图9-84所示。

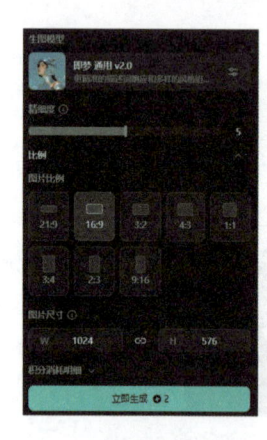

图9-83 　　　　　　　　　　　图9-84

05 按照上述操作方法生成其他镜头画面，生成的所有镜头画面如图9-85所示。

分镜3图片 　　　　　　　　　　分镜4图片1

图9-85

第 9 章 爆款短视频创作思路及 AI 实战案例

分镜 4 图片 2 　　　　　　　　　　　　　　分镜 5 图片 1

分镜 5 图片 2 　　　　　　　　　　　　　　分镜 6 图片

分镜 7 图片 　　　　　　　　　　　　　　　分镜 8 图片

分镜 9 图片 1 　　　　　　　　　　　　　　分镜 9 图片 2

图 9-85（序）

分镜 9 图片 3 　　　　　　　　　　　　分镜 9 图片 4

分镜 10 图片 　　　　　　　　　　　　分镜 11 图片

分镜 12 图片

图 9-85（序）

需要注意的是，在生成图片的过程中，鉴于图片生成的随机性，某些特定画面可能需要经过多次尝试才能达到预期效果。鉴于图片画面在整个 MV 中占据举足轻重的地位，必须对画面质量进行严格把关，确保每一帧都精益求精。

9.5.3　使用可灵生成MV视频动态画面

视频动态效果对整个 MV 的质量具有深远影响，视频中的动态瞬间能够直观且深刻地传达出音乐所蕴含的情感。在撰写生成提示词之前，务必根据 MV 的制作要求留意以下几点。

- MV视频制作要求高分辨率，这是为了保障画面细节充分、边缘锐利以及色彩还原精准。高分辨率不仅显著提升了视觉体验，还为后期的调色和特效制作预留了更多灵活操作的空间。

- 需要精妙运用运镜技巧。运镜技巧是提升视觉冲击力、加强情感传递和故事阐述的关键手段。在MV中，运镜应与音乐节拍保持高度一致，通过调整镜头的移动速度和方向，进而强化音乐的韵律感。
- 生成视频时，必须避免画面出现跳跃或断裂的情况，此类现象在行业中通常被称作"跳帧"。

接下来，将借助可灵来生成MV的动态视频画面，具体的操作步骤如下。

01 进入可灵图生视频创作界面，选择"可灵1.5"模型，上传由即梦生成的分镜1图片。

02 在文本框中输入"慢动作特写，火车头灯在昏暗的月台上闪烁，汽笛声响起，火车慢慢往前开动，营造出离别的氛围。"提示词，如图9-86所示。

03 设置"创意想象力"值为0.7，"生成模式"为"高品质"，"生成时长"为0.5s，如图9-87所示。

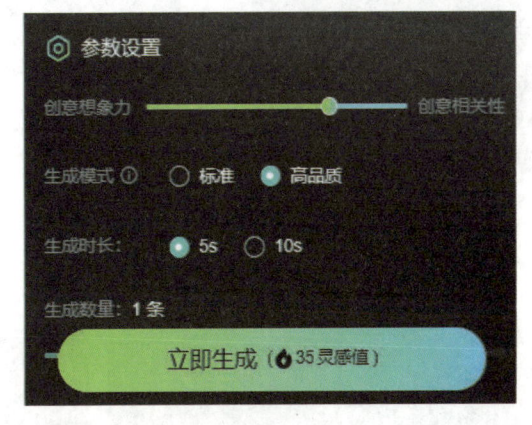

图9-86　　　　　　　　　图9-87

04 点击"立即生成"按钮，即可生成分镜1视频，部分视频画面如图9-88所示。

图9-88

05 从视频画面中可以看出火车是在倒行的，后期可以通过剪映对视频进行倒放。接下来，生成分镜2视频。上传分镜2图片，在文本框中输入"男生深情地看向女生，周围的人在不停地走动。"提示词，如图9-89所示。

06 设置"创意想象力"值为0.5，"生成模式"为"高品质"，"生成时长"为0.5s，如图9-90所示。

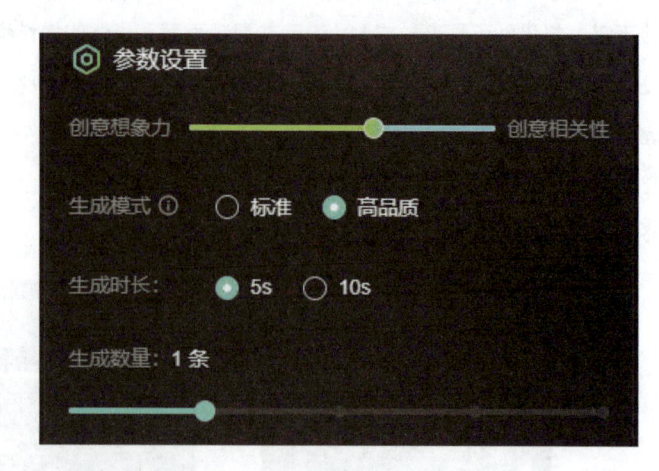

图9-89　　　　　　　　　　　　　图9-90

07 点击"立即生成"按钮，即可生成分镜2视频，部分视频画面如图9-91所示。

图9-91

08 根据上述操作方法生成其他镜头视频画面，并将生成的视频保存到本地。

9.5.4　使用剪映编辑MV视频

后期剪辑效果对于奠定整个 MV 的基调至关重要。在进行视频剪辑时，应着重关注以下几个要点。

- 音乐的节奏是塑造MV风格与氛围的关键因素。因此，在剪辑过程中，务必严格遵循音乐的节奏，精准控制画面切换的速度，以实现画面与音乐节奏的和谐统一，从而营造出愉悦的视听感受。
- 需要对音乐中的关键节点（如重音、鼓点等）给予特别关注，确保画面切换能够精准地与这些节点相吻合，进而强化整体的节奏感。
- 熟练掌握跳剪、快速剪辑、倒放、变速剪辑等多样化剪辑技巧，并根据MV的具体风格来选取恰当的剪辑方式，这也是提升剪辑效果的关键。
- 画面之间的过渡效果同样不容忽视。通过巧妙运用淡入淡出、交叉溶解等过渡技巧，可以使画面切换更加流畅自然，从而提升观众的观看体验。
- 为了增强画面的表现力，适当添加音效也是不可或缺的一环。例如，在本例制作的MV中，可以巧妙地融入火车鸣笛声、行李箱滚动声等环境音效和特效声，以丰富画面的层次感和真实感。
- 务必确保画面与音乐的完美同步，严格避免出现画面延迟或提前的瑕疵。

接下来，将通过剪映完成整个MV的剪辑工作，具体的操作步骤如下。

01 将歌曲的音频和生成的MV画面导入剪映中，将音频和视频画面同步。

02 根据需求添加文本、滤镜、转场、特效等效果，如图9-92所示。最终制作的MV画面如图9-93所示。

图9-92

图9-93

图 9-93（续）

第 9 章 爆款短视频创作思路及 AI 实战案例

图 9-93（续）